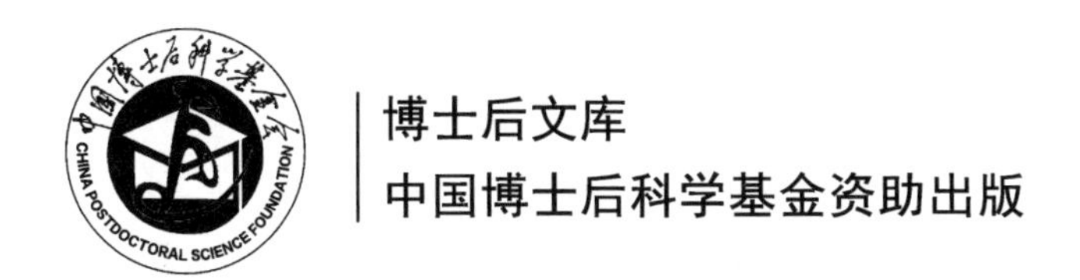

单相固溶体合金自由枝晶凝固模型研究

李 述 著

科学出版社
北 京

内 容 简 介

枝晶是金属材料凝固过程中最普遍的微结构，单相固溶体合金是深入探索凝固基础理论的基本合金组织形式。本书介绍过冷单相固溶体合金熔体自由枝晶凝固过程，重点介绍溶质截留现象、非平衡界面动力学、界面形貌稳定性及传热和传质过程；以实现非等温与非等溶质界面、非稀释合金和基于热力学-动力学相关性的自由枝晶凝固建模为主要目标，系统介绍九个自由枝晶生长模型，以及系列模型在具体合金体系中的应用；充分利用数值计算求解模型，进行模型比较分析和实验验证，以期实现动力学与热力学演化规律的精确描述与组织调控新理念。

本书可供冶金、材料领域科研人员和工程技术人员参考，也可作为相关专业高年级本科生和研究生的参考书。

图书在版编目（CIP）数据

单相固溶体合金自由枝晶凝固模型研究 / 李述著. —北京：科学出版社，2022.9

(博士后文库)

ISBN 978-7-03-072308-6

Ⅰ. ①单…　Ⅱ. ①李…　Ⅲ. ①固溶体-合金-枝晶-凝固-研究　Ⅳ. ①TG132

中国版本图书馆 CIP 数据核字（2022）第 085250 号

责任编辑：祝 洁 汤宇晨 / 责任校对：崔向琳

责任印制：师艳茹 / 封面设计：陈 敬

科学出版社 出版

北京东黄城根北街 16 号

邮政编码：100717

http://www.sciencep.com

中国科学院印刷厂 印刷

科学出版社发行 各地新华书店经销

*

2022 年 9 月第 一 版 开本：720×1000 1/16

2022 年 9 月第一次印刷 印张：9

字数：175 000

定价：98.00 元

（如有印装质量问题，我社负责调换）

“博士后文库”序言

1985年，在李政道先生的倡议和邓小平同志的亲自关怀下，我国建立了博士后制度，同时设立了博士后科学基金。30多年来，在党和国家的高度重视下，在社会各方面的关心和支持下，博士后制度为我国培养了一大批青年高层次创新人才。在这一过程中，博士后科学基金发挥了不可替代的独特作用。

博士后科学基金是中国特色博士后制度的重要组成部分，专门用于资助博士后研究人员开展创新探索。博士后科学基金的资助，对正处于独立科研生涯起步阶段的博士后研究人员来说，适逢其时，有利于培养他们独立的科研人格、在选题方面的竞争意识以及负责的精神，是他们独立从事科研工作的“第一桶金”。尽管博士后科学基金资助金额不大，但对博士后青年创新人才的培养和激励作用不可估量。四两拨千斤，博士后科学基金有效地推动了博士后研究人员迅速成长为高水平的研究人才，“小基金发挥了大作用”。

在博士后科学基金的资助下，博士后研究人员的优秀学术成果不断涌现。2013年，为提高博士后科学基金的资助效益，中国博士后科学基金会联合科学出版社开展了博士后优秀学术专著出版资助工作，通过专家评审遴选出优秀的博士后学术著作，收入“博士后文库”，由博士后科学基金资助、科学出版社出版。我们希望，借此打造专属于博士后学术创新的旗舰图书品牌，激励博士后研究人员潜心科研，扎实治学，提升博士后优秀学术成果的社会影响力。

2015年，国务院办公厅印发了《关于改革完善博士后制度的意见》(国办发〔2015〕87号)，将“实施自然科学、人文社会科学优秀博士后论著出版支持计划”作为“十三五”期间博士后工作的重要内容和提升博士后研究人员培养质量的重要手段，这更加凸显了出版资助工作的意义。我相信，我们提供的这个出版资助平台将对博士后研究人员激发创新智慧、凝聚创新力量发挥独特的作用，促使博士后研究人员的创新成果更好地服务于创新驱动发展战略和创新型国家的建设。

祝愿广大博士后研究人员在博士后科学基金的资助下早日成长为栋梁之才，为实现中华民族伟大复兴的中国梦做出更大的贡献。

中国博士后科学基金会理事长

前　言

凝固是自然界和工业生产中一种非常普遍的物理现象。历史上，我国是最早发明和使用铸冶工艺的国家，极大地提高了当时的社会生产力，对人类文明的进步具有划时代的意义。随着现代工业及科技的迅速发展，20 世纪中叶以来逐渐形成了系统的凝固理论，凝固科学与技术逐渐成为现代材料科学与工程中一个重要分支。研究凝固理论对新能源、新材料的开发，以及国家产业结构优化、国防工业现代化都具有重要意义。近年来，随着非平衡凝固技术的迅速发展，材料制备过程中的非平衡性大大提高，近平衡凝固条件下遵循的一些基本规律已不够准确或不再适用。因此，深入研究凝固理论，建立更具物理本质的非平衡凝固系列模型，不仅具有重要的科学意义，而且蕴含着广泛的应用前景。

枝晶是凝固过程中产生的最为普遍的微结构，单相固溶体合金是深入探索凝固基础理论的基本合金组织形式。本书聚焦凝固基础理论研究，以过冷单相固溶体合金熔体自由枝晶凝固过程为建模对象，系统介绍了作者及其合作者为实现非等温及非等溶质界面建模、非稀释合金建模和基于热力学-动力学相关性的自由枝晶生长建模这三方面目标，所建立的系列自由枝晶凝固模型。上述工作从相对简化的纯金属扩展到单相二元固溶体合金，从液相局域平衡热力学假设到引入液相非平衡溶质扩散的弛豫效应，从基于与现有理论框架不够自洽的传统边缘稳定性理论，到基于更具物理本质并从源头考虑了相界面各向异性的微观可解性理论进行界面形貌稳定性建模，从建模由非平界面引起的界面非等温和非等溶质特性到同时引入由非平界面和各向异性共同引起的界面非等温特性，层层深入，不断完善。

十五年来，作者从博士阶段到两站博士后，再到以博导身份指导博士生，一直专注于凝固基础理论研究。本书是作者近十年研究工作的系统总结。其中，第 2 章、第 3 章相关研究工作为作者在哈尔滨理工大学博士后工作期间与合作导师李大勇教授共同完成的。在此期间，作者在国际上相对较早地提出了基于非等温、非等溶质固液界面进行非平衡枝晶凝固建模的研究方向。第 4 章至第 6 章涉及的研究工作是作者与哈尔滨工业大学刘礼华博导合作指导博士研究生刘书诚完成的。非稀释合金非平衡枝晶凝固建模工作是作者与博士生导师——天津大学吴萍教授合作完成的，为保证本书工作的系统性和完整性，该部分研究总结在第 7 章。热力学-动力学相关性建模工作(本书第 8 章)是作者在西北工业大学博士后工作期间与合作导师刘峰教授共同完成的。刘峰教授在国际上较早地提出了基于热力学-动力学相关性进行凝固与固态相变建模的学术思想，并持续引领着该方向的研究。

衷心感谢以上导师的指导；感谢博士研究生刘书诚、李帅和硕士研究生王鑫对本书撰写和整理工作所做出的贡献；感谢“博士后文库”出版基金对本书出版的资助；感谢博士后科学基金(2012M510985，2014T70361，2016M590970)、国家自然科学基金(51101046，51671075)对本书涉及研究工作的支持！

由于作者水平有限，书中不足之处在所难免，敬请读者批评指正。

李　述

2022 年 2 月

目　录

“博士后文库”序言
前言
第 1 章　绪论 …… 1
　1.1　研究背景及意义 …… 1
　1.2　过冷熔体枝晶凝固理论概述 …… 2
　　1.2.1　溶质偏析和溶质截留现象 …… 2
　　1.2.2　非平衡态热力学和界面动力学 …… 6
　　1.2.3　固液界面形貌稳定性 …… 12
　　1.2.4　传热和传质过程 …… 15
　　1.2.5　枝晶凝固模型 …… 16
　1.3　本书主要内容 …… 22
第 2 章　非平界面的溶质偏析建模及非等溶质界面的枝晶凝固模型 …… 26
　2.1　适用于非平界面的溶质偏析建模 …… 27
　2.2　引入界面非等溶质影响的枝晶凝固建模 …… 29
　2.3　模型应用 …… 32
　2.4　本章小结 …… 35
第 3 章　界面非等温和非等溶质耦合影响下的枝晶凝固模型 …… 36
　3.1　基于界面非等温特性的纯金属枝晶凝固建模及分析 …… 36
　3.2　基于界面非等温和非等溶质特性的二元合金枝晶凝固建模 …… 41
　　3.2.1　非平衡界面动力学 …… 41
　　3.2.2　液相中的热扩散和溶质扩散 …… 43
　　3.2.3　边缘稳定性判据 …… 46
　3.3　模型应用 …… 46
　　3.3.1　非等温界面的影响 …… 47
　　3.3.2　非等溶质界面的影响 …… 49
　3.4　本章小结 …… 51
第 4 章　界面非等温和非等溶质特性及弛豫效应耦合影响下的枝晶凝固模型 …… 53
　4.1　模型描述 …… 53
　　4.1.1　界面响应函数 …… 53

4.1.2 液相中的热扩散 …… 55
4.1.3 液相中的溶质扩散 …… 57
4.1.4 边缘稳定性判据 …… 59
4.2 模型应用 …… 59
4.2.1 界面非等温的影响 …… 60
4.2.2 界面非等溶质的影响 …… 61
4.3 本章小结 …… 64
第 5 章 基于微观可解性理论和非等温界面的枝晶凝固模型 …… 65
5.1 纯金属枝晶凝固建模及分析 …… 65
5.1.1 模型描述 …… 66
5.1.2 模型应用 …… 68
5.2 过冷单相二元固溶体合金熔体枝晶凝固建模及分析 …… 72
5.2.1 模型描述 …… 72
5.2.2 模型应用 …… 77
5.3 本章小结 …… 82
第 6 章 对流效应影响下的枝晶凝固模型 …… 83
6.1 模型描述 …… 83
6.1.1 液相中的热扩散 …… 83
6.1.2 液相中的溶质扩散 …… 87
6.1.3 基于 MicST 的稳定性判据 …… 87
6.2 模型应用 …… 89
6.2.1 对流对热扩散的影响 …… 90
6.2.2 对流对溶质扩散的影响 …… 92
6.2.3 实验比较 …… 94
6.3 本章小结 …… 95
第 7 章 适用于非稀释合金的枝晶凝固模型 …… 96
7.1 模型描述 …… 96
7.1.1 界面响应函数 …… 96
7.1.2 边缘稳定性判据和枝晶尖端曲率半径 …… 98
7.1.3 过冷度分配 …… 100
7.2 模型应用 …… 101
7.3 本章小结 …… 108
第 8 章 基于热力学-动力学相关性的界面动力学建模及枝晶凝固模型 …… 109
8.1 模型描述 …… 109
8.1.1 界面动力学 …… 109

8.1.2　平界面迁移 …… 112
8.1.3　自由枝晶生长 …… 113
8.2　模型应用 …… 115
8.2.1　平界面迁移 …… 115
8.2.2　枝晶凝固的实验比较 …… 119
8.3　本章小结 …… 122
参考文献 …… 123
编后记 …… 130

第1章　绪　　论

1.1　研究背景及意义

凝固是物质从液态到固态转变的相变过程,在自然界和工业生产中普遍存在,如雪花的凝结、火山熔岩的固化、各类金属和合金在铸造过程中的凝固、雾化合金液滴的无容器快速凝固及各种功能晶体的液相生长等等。金属材料在其生产流程中至少要经历一次凝固过程。历史上，铸冶工艺的广泛应用极大地提高了社会生产力，对人类文明的进步具有划时代的意义。随着现代工业及科技的迅速发展，在社会经济发展需求的广泛应用背景下，新的凝固技术应运而生，如深过冷快速凝固、定向凝固、微重力凝固及电磁悬浮等等。与此同时，基于凝固实践的长期积累和凝固过程研究手段的不断丰富，20 世纪 50 年代以来逐渐形成了系统的凝固理论，凝固已从一门技术发展为一门科学。凝固科学与技术逐渐成为现代材料科学与工程的一个重要分支学科[1-10]。

凝固科学与技术的研究对新能源、新材料的开发，以及国家产业结构优化、国防工业现代化都具有重要意义。近年来，随着非平衡凝固技术的迅速发展，材料制备过程中的非平衡性大大提高，大量低维和亚稳相材料得到广泛应用。材料制备过程中固液相变的非平衡性大大增强，近平衡凝固条件下所遵循的一些基本规律已不再适用，形成的非平衡凝固组织也必将最终影响材料的物理、化学及力学性能。因此，深入系统地研究非平衡凝固动力学，建立更加完善的非平衡凝固系列模型，不仅具有重要的科学意义，而且蕴含着广阔的应用前景。

凝固始于形核，形核使固液界面出现，界面迁移及其形貌演化决定着材料的微观组织；材料的微观组织决定着材料的力学和物理性能。为了有效控制凝固过程，从而获得具有理想微观组织的材料，完善的固液界面建模对于凝固研究的深入至关重要。枝晶是凝固过程中产生的最为普遍的微结构，单相固溶体合金是深入探索凝固基础理论的理想体系。本书重点关注过冷单相固溶体合金熔体非平衡枝晶凝固过程，聚焦固液界面，建立深入反映物理本质规律和更加优化、自洽的非平衡凝固动力学系列数值模型，并充分利用数值计算与模拟相对传统的理论研究和实验研究的显著优势，以期实现动力学与热力学演化规律的精确描述与组织调控新理念。在国家大力提倡自主创新和加快产业结构转型的时代背景下，这一基础研究亟待深入推进。

1.2 过冷熔体枝晶凝固理论概述

枝晶凝固理论的发展是伴随着界面局域平衡假设和块体局域平衡假设的先后去除而逐渐完善的。与此同时，逐步去除线性相边界假设、稀释合金假设、界面等温及等溶质假设、界面各向同性假设和凝固热力学-动力学独立性假设等，使得枝晶凝固理论的研究更加深入。过冷熔体枝晶凝固理论建模涉及溶质偏析和溶质截留现象、非平衡态热力学和界面动力学、界面形貌稳定性及传热和传质过程，这四方面相互作用，共同决定了枝晶凝固微观组织的形成。这些凝固相关过程和现象的描述在枝晶凝固理论模型中占有核心地位。本节将对上述四方面核心内容及最为典型的枝晶凝固模型本身分别加以概述。

1.2.1 溶质偏析和溶质截留现象

在合金凝固过程中，合金元素在固相和液相中具有不同的化学势。由最小吉布斯能原理，析出固相的成分将不同于周围液相，即固液界面处将发生溶质偏析(溶质再分配)。描述溶质偏析程度的关键参数是溶质再分配系数 k (无量纲)，定义为凝固过程中界面处固相溶质浓度 C_S^* 与液相溶质浓度 C_L^* 之比。在极其缓慢的凝固过程中，充分的溶质扩散使界面处达到了局域热力学平衡状态。这一凝固过程称为平衡凝固。平衡凝固条件下的溶质再分配系数(用 k_e 来表示，无量纲)可以由热力学平衡条件确定，也可以由相图的固相线和液相线直接确定。实际情况多为非平衡凝固，即界面处的溶质原子以局域非平衡的热力学状态附着于固相。随着凝固速度的增加，非平衡效应更加明显。此时的溶质原子具有较高的能量状态，具有重新扩散回液相的驱动力(driving force)，但却被快速凝固的固相所“俘获”。这一现象被称作溶质截留(solute trapping)[10]。

对溶质偏析及快速凝固过程中发生的溶质截留现象进行模型化处理，是描述凝固相关过程和现象的基础。正是 20 世纪 50 年代以来对凝固过程溶质偏析现象的发现和研究[11-15]，推动了现代凝固理论的形成和发展。现已建立了很多描述溶质偏析和溶质截留现象的理论模型。从是否考虑固液界面厚度的角度，这些模型可以划分为两大类，即明锐界面模型(sharp interface model)[16-26]和扩散界面模型(diffuse interface model)[27-36]。如图 1-1 所示，明锐界面模型近似假设固液界面厚度为 0，给出了一个界面处溶质浓度的跳跃，即数学上的函数不连续性。明锐界面模型相对简单且便于使用，并能够对溶质偏析和溶质截留现象给出合理描述。相比之下，扩散界面模型的优点在于更加符合物理实际，能够展现更加全面的溶质分布信息。下面对明锐界面和扩散界面溶质偏析模型分别加以概述[37]。

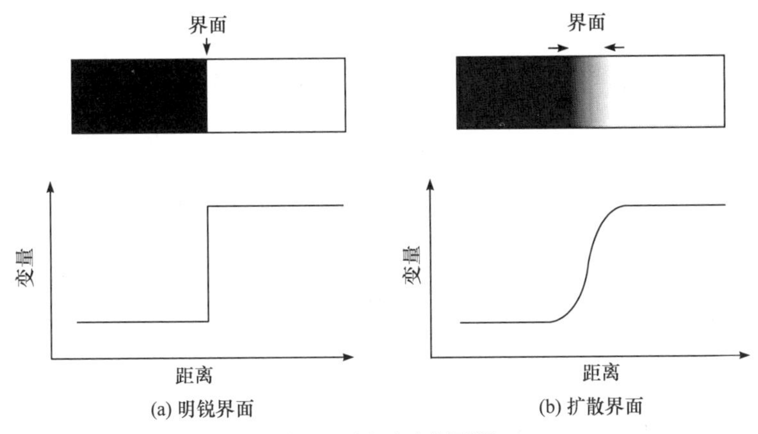

图 1-1 界面示意图[10]

基于明锐界面假设，Aziz 和 Kaplan[20]建立了经典的连续生长模型(continuous growth model，CGM)。这一模型将非平衡溶质再分配系数 k 描述为

$$k=\frac{\kappa_e+V/V_{DI}}{1-(1-\kappa_e)C_L^*+V/V_{DI}} \tag{1-1}$$

式中，κ_e 是分配参数(无量纲)，定义为

$$\kappa_e\left(C_L^*,C_S^*,T_I\right)=\frac{C_S^*\left(1-C_L^*\right)}{C_L^*\left(1-C_S^*\right)}\exp\left[-\left(\Delta\mu_B-\Delta\mu_A\right)/R_gT_I\right] \tag{1-2}$$

式中，C_S^* 和 C_L^* 分别为界面处的固、液相溶质浓度(摩尔分数)；V 为界面迁移速度，即凝固速度$(\mathrm{m/s})$；V_{DI} 为界面处的溶质扩散速度$(\mathrm{m/s})$；$\Delta\mu_A$ 和 $\Delta\mu_B$ 为组分的化学势变化(J / mol ,下标 A 和 B 分别代表溶剂和溶质)；R_g 为理想气体常数$[\mathrm{J/(mol\cdot K)}]$；$T_I$ 为界面温度(K)。这一模型可以应用于非稀释合金(non-dilute alloy)。在稀释合金假设下，κ_e 可以近似为平衡溶质再分配系数 k_e，并且 $(1-\kappa_e)C_L^*$ 可以被忽略。于是，上述模型可以简化为 Aziz 建立的早期版本[19]：

$$k=\frac{k_e+V/V_{DI}}{1+V/V_{DI}} \tag{1-3}$$

连续生长模型获得了广泛的应用，并且被很多描述凝固相关过程的模型所采用。其中,最为典型的就是广泛使用的描述自由枝晶生长过程的 BCT 模型(见 1.2.5 小节)。CGM 可以很好地描述溶质截留程度随着凝固速度 V 的不断增加而不断增大($k\to 1$)这一物理现象。然而,CGM 预测只有当 $V\to 1$ 时,完全的溶质截留($k=1$)才会发生。20 世纪 90 年代以来，系列理论和实验研究工作表明，当凝固速度超过某一临界值时，无偏析凝固即完全的溶质截留就已经发生。这一临界速度即为液相中的溶质扩散速度V_D。当$V \geqslant V_D$时，液相中的溶质没有时间进行扩散以达到其平衡状态。这就是液相中溶质非平衡扩散的弛豫效应。因此，CGM只适用于V_D无穷大或者V与V_D相比足够小的情况。当V接近于V_D或更大时，弛豫效应对溶质截留的影响十分显著。

考虑了液相中溶质非平衡扩散的弛豫效应，在CGM的基础上，Sobolev[22]提出了一个扩展的非平衡溶质再分配系数k的描述：

$$k = \frac{\psi k_e + V / V_{DI}}{\psi + V / V_{DI}}, \quad V < V_D \tag{1-4a}$$

$$k = 1, \quad V \geqslant V_D \tag{1-4b}$$

式中，ψ为弛豫因子(无量纲)，定义为$\psi = 1 - V^2 / V_D^2$。Sobolev的模型[22]对实验结果给出了较好的描述，尤其是在速度较大的情况下(此时，CGM的预测具有一定的偏差)。然而，这一模型仍然存在不足，那就是它仅仅适用于稀释合金。于是，Galenko[23]对其进行了进一步扩展，得到了如下k的描述：

$$k = \frac{\psi \kappa_e + V / V_{DI}}{\psi \left[1 - \left(1 - \kappa_e\right) C_L^*\right] + V / V_{DI}}, \quad V < V_D \tag{1-5a}$$

$$k = 1, \quad V \geqslant V_D \tag{1-5b}$$

式中，分配参数κ_e的定义与CGM所定义的式(1-2)一致。这一扩展的溶质截留方程不仅可以应用到浓度较高的合金，而且也考虑了液相中溶质非平衡扩散的弛豫效应。在稀释合金假设下，该方程简化为Sobolev提出的版本[22]。如果进一步假设液相中的溶质扩散可以瞬间完成，即$V_D \to \infty$，这一模型则可以简化为CGM。至此，基于CGM的系列溶质偏析模型已经能够适用于非稀释合金，并且同时考虑了液相中溶质非平衡扩散的弛豫效应。本书作者还进一步将CGM扩展至适用于非平界面的版本，并对适用于枝晶界面建模的旋转抛物面给出了界面平均溶质再分配系数的表达式。非平界面稳态凝固过程中，由于固液界面处不同位置界面法向速度不再相同，所以沿着界面溶质再分配程度是变化的，界面是非等溶质的。基于建立的非平界面溶质偏析模型，可以进一步进行非等溶质界面的枝晶凝固建模(详见本书第2章)。CGM系列溶质偏析模型相对简单并且能够给出较好的理论预测，因此获得了广泛的应用。

除了CGM系列模型[20-23]，其他基于明锐界面假设的溶质偏析模型也被陆续提出。Jackson等[18]基于反应速率理论，描述原子对固液界面的附着速率，进而建立溶质偏析模型如下：

$$k = k_e^{1/(1+A'V)} \tag{1-6}$$

式中，参数A'依赖于扩散系数的平方根，来源于蒙特卡罗模拟。将结晶过程看成

是一种异质反应过程，Burton 等[24]建立溶质偏析模型为

$$k = \frac{k_e}{k_e + (1 - k_e)\exp(-V\delta / D_L)} \tag{1-7}$$

式中，参数 δ 依赖液相的相关性质和结晶条件(m)；D_L 为液相中的溶质扩散系数(m^2/s)。此外，还有阶梯生长模型(stepwise growth model，SGM)、非周期阶梯生长模型(aperiodic stepwise growth model，ASGM)等其他基于明锐界面假设的溶质偏析模型[14,25]。Sobolev[26]又将上述模型进一步统一扩展至弛豫效应版本。

扩散界面模型主要分为两类：溶质拖曳模型[27-32]和相场模型[33-36]。溶质拖曳模型以其可以从物理机制上描述溶质拖曳效应而得名。相对于纯金属，添加适当元素后晶粒边界或相界面迁移的速度明显降低，这一物理现象称为溶质拖曳效应。这是因为溶质原子通过与移动的晶粒边界或相界面之间扩散的相互作用，而对界面产生了一个拖曳的力。Lücke 和 Detert[27]首次提出了一种处理溶质拖曳现象的理论方法。在此基础上，Cahn[28]、Lücke 和 Stüwe[29]先后进一步发展了溶质拖曳模型。基于前人关于移动晶粒边界的稀释合金溶质拖曳的理论处理，Hillert 和 Sundman[30]建立了一个扩展的溶质拖曳模型(HS 模型)。该模型不仅可以描述溶质偏析和溶质截留现象，还可以描述非平衡凝固界面动力学；不仅可以应用于晶粒边界，还可以应用于相界面的迁移，展现了溶质拖曳理论的统一图景。上述工作奠定了扩散界面溶质拖曳模型的理论基础。西北工业大学王海丰等[31]将相场模型中定义自由能密度的方法引入溶质拖曳模型，成功描述了扩散界面的界面分布函数，获得了溶质浓度、扩散系数及化学势在固液界面区域真正连续且平滑的变化。这一工作为扩散界面溶质拖曳模型的进一步完善带来了新的灵感。由于该模型是建立在 Cahn 的模型基础之上的，所以仅仅适用于稀释合金。同时，上述全部溶质拖曳模型并没有考虑非平衡凝固液相溶质扩散的弛豫效应。针对这一问题，本书作者在 HS 模型的基础上引入弛豫效应，并采用王海丰等对扩散界面的处理方法，建立一个适用于非稀释合金同时考虑了弛豫效应的溶质拖曳模型[32]。通过比较分析，揭示了该模型和明锐界面模型之间的内在联系和本质区别。

相场模型采用一个序参量来描述局域体积的热力学状态，并采用统一的机制(方程)描述界面处及固、液相中的动力学现象。上述溶质拖曳模型和明锐界面模型同属于界面追踪模型。与界面追踪模型相比，相场模型不需要追踪界面，并能自然地给出具有一定厚度的扩散界面。相场模型是数值模型，即模型的求解完全依赖于数值计算，这使得利用相场法数值模拟来直观地展现凝固过程细节成为可能，包括凝固组织、溶质场与温度场等重要信息。相场模型是典型的连续统一模型(continuum model)，代表着未来的发展方向。然而，相场法数值模拟计算量巨大，导致所能模拟的空间范围严重受限；相场模型不利于扩展，具体凝固条件的

引入相对困难。目前，相场模型大多用于相对理想情况的定性分析，在生产实践的定量预测中并不容易使用。

1.2.2 非平衡态热力学和界面动力学

1. 非平衡态热力学

相变热力学可用来判断合金是否在平衡状态，相变是否可以发生及其前进的方向，并可以计算相变驱动力。相变动力学是研究相变发生的过程、速度和程度等时间变量的基本相变理论。可认为这里所说的热力学是传统热力学，虽然它包括基于热力学第二定律的不可逆过程方向的论断，但传统热力学主要关注物质的平衡态，完全不涉及时间变量。

传统热力学形成于 19 世纪中期，至 20 世纪初以热力学三大定律为发展成熟的标志。20 世纪 70 年代后，计算机技术的不断进步使得材料的热力学计算成为可能，材料热力学获得了快速发展。瑞典皇家工学院 Hillert 教授[10,38-39]对此做出了突出贡献，他提出了计算热力学理论框架，即 CALPHAD[40](calculation of phase diagrams)，相图计算方法。基于此诞生了 Thermo-Chac、PANDAT 等材料热力学商业计算软件。中南大学也在 CALPHAD 的领域做了大量基础工作[41]。与此同时，理想熔体近似模型、亚点阵模型等适合于材料相状态描述及计算机计算的模型不断产生并完善。这些模型与 CALPHAD 结合，极大地促进了热力学数据库的扩充及完善。

相对于传统热力学以研究平衡态为主(完全不涉及时间变量)，非平衡态热力学重点关注物理系统的非平衡状态，体系的性质一般是随时间与空间而变化的，是真正的动力学问题。非平衡态热力学引入了熵产生率(单位时间内单位体积的熵产生量)和熵流密度(单位时间流过单位面积的熵量)等时间演化热力学量，同时能够处理热力学“流”与热力学“力”之间的动力学关系。因此，非平衡态热力学不仅适用于描述非平衡相变的热力学驱动力，而且是非平衡相变动力学研究的重要手段[42]。

20 世纪 30 年代，Onsager[43]开创了非平衡态热力学的线性理论。线性理论是指引起偏离平衡态的各种热力学“力”(如温度梯度、溶质浓度梯度等)比较小，由这些“力”产生的各种热力学“流”(如热流、溶质扩散流)与“力”之间遵从线性关系。线性非平衡态热力学已经发展成为成熟的理论，被称为经典不可逆过程热力学(classical irreversible thermodynamics，CIT)。相对于 CIT，Jou 等[44-45]建立了扩展不可逆过程热力学(extended irreversible thermodynamics，EIT)。EIT 消除了局域平衡假设，能够处理远离平衡的非平衡态问题，近年来获得了快速发展。

Galenko[46]及 Sobolev[47]基于 EIT 理论，考虑了深过冷熔体中的局域非平衡溶质扩散，成功建立了完全的溶质偏析模型，并对非平衡凝固的系列问题给出了合理的解释。Hillert[10]基于非平衡态热力学，研究了非平衡凝固与固态相变中的溶质扩散问题，并考虑了溶质拖曳，对固液界面和晶粒边界给出了统一描述。Fischer等[48]、Svoboda等[49-51]、Fratzl等[52]基于最大熵产生原理(maximal entropy production principle，MEPP)进一步发展了等温、等压条件下的热力学极值原理(thermodynamic extremal principle，TEP)，并将其用于固态相变过程。西北工业大学刘峰团队将非平衡态热力学理论用于研究非平衡凝固[53-56]、固态相变[57-58]及晶粒长大动力学过程[59]。本书作者也成功基于 EIT 理论进行非平衡凝固热力学驱动力描述，并建立了系列理论模型。该系列模型包括非平衡凝固平界面迁移模型[60]、非平衡界面形貌稳定性模型[61]、非平衡凝固溶质拖曳模型[32]、深过冷非平衡自由枝晶生长模型等[62]。

2. *界面动力学*

界面动力学旨在描述凝固过程中界面行为如何随时间演变，主要涉及界面响应函数的建立。界面响应函数为界面迁移速度、温度、曲率及溶质浓度等物理量之间的函数关系。界面响应函数的描述是建立在凝固热力学确定的界面迁移驱动力、溶质偏析模型确定的界面处固液相溶质浓度关系(溶质再分配系数 k)和一定的界面动力学生长规则基础上的。界面响应函数的发展与完善主要是围绕着以下假设限制被逐步去除：平衡凝固假设、液相局域平衡扩散假设、线性固相线和液相线假设、稀释合金假设及固液界面的等温等溶质假设。

Baker 和 Cahn[63]首次系统地阐述了相变的热力学原理，并提出了一个描述凝固过程中吉布斯自由能变化的热力学模型。Aziz 和 Kaplan[20]在这一热力学模型的基础上将其进一步扩展，并考虑了两种情况。一种情况是凝固过程中吉布斯自由能的变化全部用于固液界面的迁移驱动力，也就是忽略界面处引起溶质再分配的溶质扩散过程所消耗的能量，即非溶质拖曳的情况；另一种情况是考虑了界面处溶质扩散所消耗的能量，并将其从总的相变吉布斯自由能变化中扣除，即考虑了溶质拖曳效应的情况。可以将这两种情况统一表达为[64]

$$\Delta G_{\text{eff}} = \left(1 - C_{\text{eff}}^*\right)\Delta\mu_{\text{A}} + C_{\text{eff}}^*\Delta\mu_{\text{B}} \tag{1-8}$$

式中，ΔG_{eff} 为有效驱动界面迁移的摩尔吉布斯自由能的变化(J / mol)；$\Delta\mu_{\text{A}}$ 和 $\Delta\mu_{\text{B}}$ 分别为溶剂和溶质的化学势变化(J / mol)；C_{eff}^* 为有效溶质浓度(摩尔分数)，定义为 $C_{\text{eff}}^* = \left(1-\gamma\right)C_{\text{S}}^* + \gamma C_{\text{L}}^*$ ，C_{S}^* 和 C_{L}^* 分别为界面处的固、液相溶质浓度(摩尔分数)，可调参数 γ 等于 0 和 1 分别代表非溶质拖曳和溶质拖曳的情况。将式(1-8)和非平衡溶质再分配系数表达式[式(1-1)]代入 Turnbull 的碰撞限制生长规则(collision-limited growth law)[65-66]：

$$V = fV_0\left\{1-\exp\left[\Delta G_{\mathrm{eff}}\left(V,T_{\mathrm{I}},C_{\mathrm{S}}^{*}\right)/R_{\mathrm{g}}T_{\mathrm{I}}\right]\right\} \tag{1-9}$$

即为连续生长模型[20]关于界面响应函数的表达式。式(1-9)中，V 为凝固速度($\mathrm{m/s}$)；f 为界面处凝固发生的点分数；V_0 为结晶速率上限($\mathrm{m/s}$)；R_{g} 为理想气体常数[$\mathrm{J/(mol\cdot K)}$]；T_{I} 为界面温度(K)。CGM 不仅仅包括一个溶质偏析模型[式(1-1)]，还在此基础上给出了一个凝固过程中固液界面的响应函数。同样，HS 模型[30]不仅包括一个扩散界面的溶质偏析模型，而且提出了相应的有效界面迁移驱动力的表达式：

$$\Delta G_{\mathrm{eff}} = \left(1-C_{\mathrm{S}}^{*}\right)\Delta\mu_{\mathrm{A}} + C_{\mathrm{S}}^{*}\Delta\mu_{\mathrm{B}} - \frac{\Omega_{\mathrm{m}}}{V}\int_0^1 J_{\mathrm{B}}\frac{\mathrm{d}\left[\mu_{\mathrm{B}}(\eta)-\mu_{\mathrm{A}}(\eta)\right]}{\mathrm{d}\eta}\mathrm{d}\eta \tag{1-10}$$

式中，Ω_{m} 为原子的摩尔体积($\mathrm{m^3/mol}$)；J_{B} 为界面处溶质的扩散通量[$\mathrm{mol/(m^2\cdot s)}$]，其描述依赖于溶质偏析模型；$\mu_{\mathrm{A}}(\eta)$ 和 $\mu_{\mathrm{B}}(\eta)$ 分别为界面处溶剂和溶质的化学势($\mathrm{J/mol}$)；η 为界面处的无量纲位置。相比 CGM，HS 模型考虑了扩散界面，因此更加严格地考虑了溶质拖曳效应。采用恰当的热力学模型来描述上述表达式中的化学势及其变化，CGM 和 HS 模型可以应用于非稀释合金。

如果合金是足够稀释的，那么亨利定律(Henry's law)是适用的。Baker 和 Cahn[63]进一步简化了两组分的化学势变化的表达式，将其描述如下：

$$\Delta\mu_{\mathrm{A}} = R_{\mathrm{g}}T_{\mathrm{I}}\ln\frac{\left(1-C_{\mathrm{S}}^{*}\right)\left(1-C_{\mathrm{L}}^{\mathrm{eq}}\right)}{\left(1-C_{\mathrm{L}}^{*}\right)\left(1-C_{\mathrm{S}}^{\mathrm{eq}}\right)} = R_{\mathrm{g}}T_{\mathrm{I}}\left(C_{\mathrm{L}}^{*}-C_{\mathrm{S}}^{*}+C_{\mathrm{S}}^{\mathrm{eq}}-C_{\mathrm{L}}^{\mathrm{eq}}\right) \tag{1-11a}$$

$$\Delta\mu_{\mathrm{B}} = R_{\mathrm{g}}T_{\mathrm{I}}\ln\frac{k}{k_{\mathrm{e}}} \tag{1-11b}$$

式中，$C_{\mathrm{S}}^{\mathrm{eq}}$ 和 $C_{\mathrm{L}}^{\mathrm{eq}}$ 分别为界面处的平衡固、液相溶质浓度(摩尔分数)；k 和 k_{e} 分别为非平衡和平衡溶质再分配系数。这里，式(1-11a)中最后一个表达式用 $\ln(1+x)\approx x$ (当 $x\to 0$ 时)进一步简化了 Baker-Cahn 关系。对于稀释合金，Turnbull 的碰撞限制生长规则[式(1-9)]简化为

$$V = -fV_0\Delta G_{\mathrm{eff}}\left(V,T_{\mathrm{I}},C_{\mathrm{S}}^{*}\right)/R_{\mathrm{g}}T_{\mathrm{I}} \tag{1-12}$$

将式(1-11a)和式(1-11b)代入有效界面迁移驱动力的表达式[式(1-8)]中，联立式(1-12)可以得到稀释合金并考虑了实际固相线和液相线的平界面响应函数：

$$C_{\mathrm{S}}^{\mathrm{eq}} - C_{\mathrm{L}}^{\mathrm{eq}} + C_{\mathrm{L}}^{*}\left\{1-k+\left[k+\gamma(1-k)\right]\ln\frac{k}{k_{\mathrm{e}}(T_{\mathrm{I}})}\right\} + \frac{V}{fV_0} = 0 \tag{1-13}$$

这个表达式的非溶质拖曳形式($\gamma=0$)在引入曲率修正后，即为 Divenuti 和 Ando[67]提出的自由枝晶生长模型中采用的表达式。非平衡溶质再分配系数k由式(1-3)给出。这里，平衡溶质再分配系数k_e、平衡溶质浓度C_S^{eq}和C_L^{eq}是随着界面温度而变化的，C_S^{eq}和C_L^{eq}需要从实际的相图中读取。

假设固、液相线为线性的，则k_e是常数并且等于平衡液相线斜率m_L与平衡固相线斜率m_S的比值m_L/m_S。同时，C_S^{eq}和C_L^{eq}可以被进一步简化为

$$C_S^{eq}=\frac{T_I-T_m}{m_S},\quad C_L^{eq}=\frac{T_I-T_m}{m_L} \tag{1-14}$$

式中，T_m为溶剂的熔化温度(K)。将式(1-14)代入式(1-13)，平界面响应函数进一步简化为

$$T_I=T_m+m(V)C_L^*+\frac{m_L V}{(1-k_e)fV_0} \tag{1-15}$$

式中，$m(V)$为动力学液相线斜率(K/%①)，定义为

$$m(V)=\frac{m_L}{1-k_e}\left\{1-k+\left[k+(1-k)\gamma\right]\ln\frac{k}{k_e}\right\} \tag{1-16}$$

引入曲率修正后,这一界面响应函数的非溶质拖曳形式($\gamma=0$)与 BCT 模型[68]所给出的一致。非平衡溶质再分配系数k仍由式(1-3)给出，但k_e需假设为常数。

上述所有界面响应函数有一个重要的前提条件，即假设液相中的溶质扩散是局域平衡的。这意味着只有当液相中溶质扩散的弛豫时间非常短，或液相中溶质扩散的速度非常大($V_D\to\infty$)时，上述模型才是合理的。也就是说上述模型是建立在经典不可逆过程热力学理论的基础之上的。为进一步扩展上述模型，使其能够描述快速凝固过程中液相非平衡溶质扩散的弛豫效应，Galenko[46,69]基于 EIT 理论提出了液相非平衡扩散的热力学描述，对于稀释合金，他将平界面响应函数[式(1-15)]中的动力学液相线斜率$m(V)$修正为

$$m(V)=\frac{m_L}{1-k_e}\left[1-k+\ln\frac{k}{k_e}+(1-k)^2\frac{V}{V_D}\right],\quad V<V_D \tag{1-17a}$$

$$m(V)=\frac{m_L\ln k_e}{k_e-1},\quad V\geqslant V_D \tag{1-17b}$$

式中,非平衡溶质再分配系数k由考虑了弛豫效应的 Sobolev 模型[22]给出[见式(1-4)]；k_e仍被假设为常数。对于大多数的相图，线性相边界的近似是十分粗糙的，尤其

① “%”在无特殊说明时，均表示摩尔分数单位。

是在高过冷度的情况下。严格来说，Galenko 的模型[46,69]仅仅适用于足够稀释的合金且在低过冷度的条件下，这又失去了考虑高过冷度条件下弛豫效应的模型扩展的实际意义。因此，去掉线性相边界假设对于模型应用十分必要。

对于稀释合金，Wang 等[70]将 Galenko 的结果重新整理后给出如下 ΔG_{eff} 的表达式：

$$\Delta G_{\text{eff}}=\left(1-C_{\text{L}}^{*}\right)\Delta\mu_{\text{A}}+C_{\text{L}}^{*}\Delta\mu_{\text{B}}+\left(C_{\text{L}}^{*}-C_{\text{S}}^{*}\right)(1-k)R_{\text{g}}T_{\text{I}}V/V_{\text{D}},\quad V<V_{\text{D}} \tag{1-18a}$$

$$\Delta G_{\text{eff}}=\left(1-C_{\text{S}}^{*}\right)\Delta\mu_{\text{A}}+C_{\text{S}}^{*}\Delta\mu_{\text{B}},\quad V\geqslant V_{\text{D}} \tag{1-18b}$$

结合 Baker 和 Cahn 的简化结果[式(1-11)]及 Turnbull 的碰撞限制生长规则[式(1-12)]，得出考虑了弛豫效应的稀释合金的平界面响应函数：

$$C_{\text{S}}^{\text{eq}}-C_{\text{L}}^{\text{eq}}+C_{\text{L}}^{*}\left[1-k+\ln\frac{k}{k_{\text{e}}\left(T_{\text{I}}\right)}+(1-k)^{2}\frac{V}{V_{\text{D}}}\right]+\frac{V}{fV_{0}}=0,\quad V<V_{\text{D}} \tag{1-19a}$$

$$C_{\text{S}}^{\text{eq}}-C_{\text{L}}^{\text{eq}}-C_{\text{L}}^{*}\ln k_{\text{e}}\left(T_{\text{I}}\right)+\frac{V}{fV_{0}}=0,\quad V\geqslant V_{\text{D}} \tag{1-19b}$$

式(1-19a)中的非平衡溶质再分配系数 k 仍由 Sobolev 模型给出[见式(1-4)]。与 Galenko 的处理不同，k_{e} 是温度的函数，需由相图直接确定。

由式(1-18)到式(1-19)的简化，使得 Wang 等的模型[70]预测结果与实际的偏差随着合金初始浓度 C_0 的增加而增加。上述简化过程中采用了近似条件 $\ln\left(1-C_{\text{L}}^{\text{eq}}\right)\approx -C_{\text{L}}^{\text{eq}}$（$C_{\text{L}}^{\text{eq}}\to 0$）。在高过冷度条件下，界面温度很低，平衡液相溶质浓度 C_{L}^{eq} 往往不满足这一近似条件。因此，严格来说式(1-19a)、式(1-19b)仅仅适用于非常稀释的合金，而且在高过冷度条件下模型的应用受到很大的限制。针对稀释合金的限制，本书作者基于 Galenko 关于液相中局域非平衡溶质扩散的 EIT 描述，推导出了非稀释合金的界面迁移驱动力表达式。结合这一界面迁移驱动力的热力学表达式、Turnbull 的碰撞限制生长规则[式(1-9)]及 Galenko 的溶质偏析模型[式(1-5)]，建立了一个扩展的、考虑了弛豫效应的、可应用于非稀释合金的平界面响应函数[60]。Wang 等[71-72]基于热力学极值原理，对二元及多元单相固溶体合金分别成功建立了可应用于非稀释合金的平界面响应函数。

上述系列工作还有一个共同的理论前提，即假设沿着固液界面温度和溶质是等值分布的。实际凝固过程中，固液界面大多是非平界面。例如，典型枝晶凝固的界面形貌通常用旋转抛物面来近似。由于非平界面处界面法向速度和界面局域曲率各不相同，沿着固液界面的溶质再分配程度是变化的，固液界面应该是非等温、非等溶质的。上述界面响应函数可以看作是针对枝晶尖端点的凝固动力学行为描述。为建模非等温、非等溶质界面，界面响应函数需要进一步扩展。凝固理论建模考虑界面的非等温、非等溶质特性(非平界面)，是一个相对较新的科研点，对丰富和发展凝固理论具有重要物理意义。近年来，本书作者针对枝晶凝固过程中非等温、非等溶质固液界面，进行了界面动力学建模，并在此基础上先后建立了考虑了界面非等温特性的纯合金自由生长模型，考虑了界面非等温、非等溶质特性的二元合金非平衡自由生长模型，对于纯金属考虑了界面非等温特性及微观可解性理论(microscopic solvability theory，MicST)的自由枝晶生长模型，同时考虑了界面非等温、非等溶质特性和快速非平衡凝固弛豫效应的自由枝晶生长模型，基于微观可解性理论和由各向异性、非平界面引起界面非等温特性的自由枝晶生长模型等系列非平衡枝晶凝固模型(详见 1.2.5 小节及本书相关章节)。

3. 非平衡凝固热力学-动力学相关性

相变遵循一定的热力学规律，即系统内相状态的稳定性取决于其吉布斯自由能的高低，吉布斯自由能最低的状态是该条件下的最稳定状态[42]。因此，只有当新相吉布斯自由能低于母相吉布斯自由能时，相变才可能发生。新相与母相之间的吉布斯自由能差是母相向新相转变的化学热力学驱动吉布斯自由能。同时，在相变过程中，新相的形成产生相界面，从而引起界面能；在固态相变中，由于新相和母相的比容不同，也会产生应变能。界面能和应变能都是相变的阻力。因此，相变时体系的驱动吉布斯自由能，即热力学驱动力 ΔG，是上述化学热力学驱动吉布斯自由能与界面能和应变能等阻力的差值。

如图 1-2 所示，相变过程除了受热力学驱动力 ΔG 影响外，还取决于母相到新相转变所需跨越的动力学能垒(energy barrier) Q。该动力学过程如果是原子的热激活过程，则能垒 Q 为热激活能；如果受原子的扩散控制，则能垒 Q 为扩散激活能；若受其他机制控制，则 Q 为相应的动力学能垒。例如，在界面控制生长方式下，新相的生长由两相界面附近原子的短程扩散所控制。如图 1-2 所示，新相中

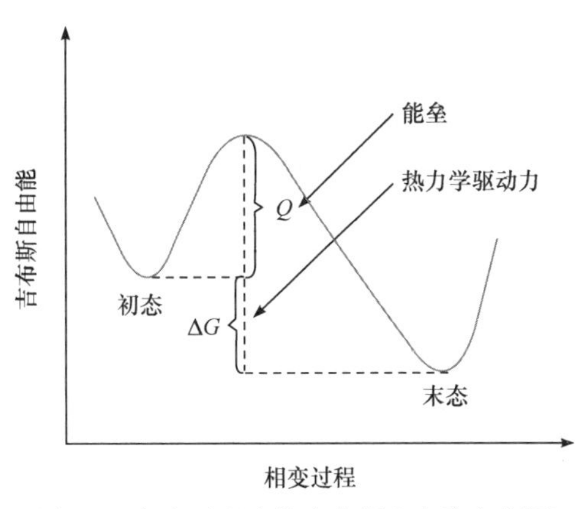

图 1-2　相变过程中的吉布斯自由能变化[73]

的原子与母相中的原子跃过相界面所需克服的能垒不同，这将使得界面两侧原子跃过相界面的概率不同，从而最终导致界面的移动。综上，相变过程正是在热力学驱动力 ΔG 和动力学能垒 Q 两者的共同控制下完成的，且两者并非完全独立，而是存在一定的相关性。

西北工业大学刘峰研究团队[74]将构建的板条马氏体全转变动力学模型应用于模型合金马氏体相变过程，得出常数激活能只能较好地描述相变高温阶段，对于低温阶段则无效；而与热力学驱动力呈现负线性关系的变化激活能则可以很好地描述整个相变动力学过程。这说明马氏体相变过程的动力学激活能并非定值，而与热力学驱动力有着一定相关性，随着相变热力学驱动力的增大，其动力学能垒减小。

此外，从热力学驱动力 ΔG 和能垒 Q 的相关性角度考虑，常见凝固与固态相变过程均满足这一规律。例如，当过冷度较小时，过冷熔体的枝晶凝固表现为能垒 Q 相对较大的溶质扩散控制机制；随着过冷度的增大，即热力学驱动力 ΔG 增大，凝固逐渐转变为能垒 Q 相对较小的热扩散控制机制；当 ΔG 继续增大，过冷度超过某一临界值后，发生完全的溶质截留，凝固为纯热扩散控制[75]。钢的奥氏体向低温相的转变同样满足这一相关性。例如，在连续冷却过程中，随冷却速率增大，模型合金奥氏体的相变温度区间降低，相变热力学驱动力提高，相变产物由能垒较大的扩散型相变产物(铁素体、珠光体)逐渐转变为能垒较小的切变型相变产物(马氏体)。这同样说明随着冷却速率增大，相变热力学驱动力升高，而相应的动力学能垒降低[76]。

当前国内外的研究大多假设能垒 Q 为常数，使热力学驱动力 ΔG 随着不同的热力学条件或反应进程而变化；甚至完全不从能垒的角度考虑，而采用为常数的界面迁移率、扩散系数等等简化的唯象物理量，这将导致对相变规律的探索存在一定程度的偏差甚至完全错误，而无法揭示其本质规律。因此，从热力学驱动力和动力学能垒两者的协同作用、共同决定相变过程的角度考虑，对两者的深入研究将从更深层次上揭示非平衡凝固的本质规律,为更好地控制相变提供理论指导。本书作者在界面动力学中引入了有效动力学能垒，并探索其与有效热力学驱动力的相关性，基于相关性规律对非平衡枝晶凝固进行了建模及计算，进而建立了更符合物理实际的理论框架。这一工作证明了建模“热力学-动力学相关性”的合理性和必要性。

1.2.3 固液界面形貌稳定性

凝固过程中固液界面的形貌演化直接影响着材料的最终微结构[77-79]。因此，对固液界面形貌稳定性的理论研究具有十分重要的现实意义。不同的外在凝固条件如冷却速率、真空度和微重力等，不同的合金内在条件如合金成分、杂质含量等，将会产生不同的传热、传质及液相对流情况，最终将会产生不同的固液界面形貌,例如二元单相合金凝固稳态生长过程中可能产生平界面、胞晶及枝晶等(图 1-3)。

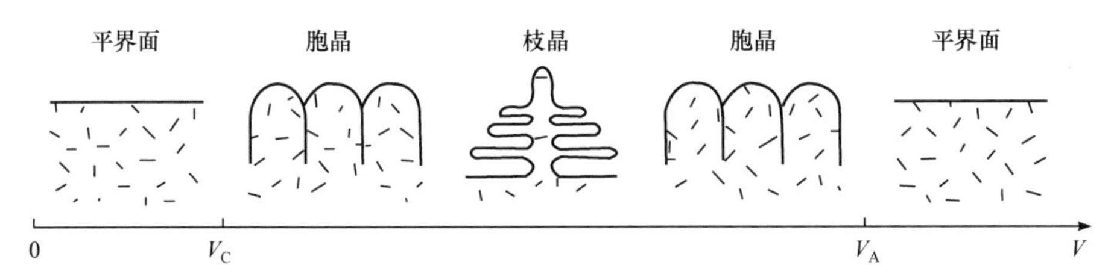

图 1-3　二元单相合金凝固稳态生长过程中固液界面形貌随着凝固速度的演变示意图[80]
V_C 为成分过冷定义的临界速度；V_A 为绝对形貌稳定的临界速度

目前，学者已经建立了一些理论框架来描述固液界面的形貌稳定性，主要有边缘稳定性理论(marginal stability theory，MarST)[80-87]、微观可解性理论[78,88-92]。此外，相场理论(phase field theory)[93-97]具有独特的理论基础，无须跟踪固液界面、无须直接关注界面的形貌稳定性即可确定凝固的微观组织演化。描述自由枝晶生长的 Lipton-Glicksman-Kurz 模型(LGK 模型，见 1.2.5 小节，以提出者姓氏首字母缩写命名，后同)采用了 MarST 之后，MarST 以其相对简明的数学表达和较好的模型预测获得了广泛应用。这一理论首先在界面处引入一个微小的正弦式扰动，将扰动后的状态量，如界面温度、速度及溶质浓度，相对于扰动前的变化用关于扰动振幅 δ 的线性变化来表示。其次，对扰动后的界面响应函数进行线性近似，即对函数关于上述三个状态量进行泰勒展开并忽略二阶及以上的高阶项。于是，可以获得一个确定 $\dot{\delta}/\delta$ 的表达式($\dot{\delta}$ 为扰动振幅的时间变化率)。最后，根据具体的凝固条件来判断 $\dot{\delta}/\delta$ 的正负性。如果 $\dot{\delta}/\delta \leqslant 0$，说明扰动振幅是衰减的，即界面形貌是稳定的。相反，界面将变得不稳定并转化为其他界面形貌。$\dot{\delta}/\delta = 0$ 也因此被称作边缘稳定性判据。

Mullins 和 Sekerka 首先提出了 MarST，并分别考虑了过饱和熔体中球形颗粒的生长[83]以及定向凝固过程中平界面生长[84]的稳定性问题(MS 模型)。MS 模型[84]假设热扩散长度远小于扰动波长，即小热佩克莱数(Peclet number)的情况，且界面处的溶质扩散是局域平衡的，因此仅适用于凝固速度较小的情况。Trivedi 和 Kurz[85]在考虑了大热佩克莱数的情况后，将 MS 模型延伸至了快速凝固(TK 模型)，然而该模型所采用的界面响应函数仍然假设界面处局域平衡的溶质扩散情况。因此，TK 模型并不适合于合金的快速凝固界面形貌稳定性描述。对于纯金属，Trivedi 和 Kurz 详细讨论了不同固相温度梯度 G_S 和液相温度梯度 G_L 对界面形貌选择的影响。结果表明：如果 $G_S > 0$ 且 $G_L > 0$，平界面在任何凝固速度条件下都是稳定的；如果 $G_S \approx 0$ 且 $G_L > 0$，则存在一个由绝对稳定的平界面到枝晶形貌转变的临界条件。此外，从过冷纯金属熔体中枝晶界面的描述中获得了枝晶尖端曲率半径与凝固速度的关系。这一结果在较低的凝固速度条件下可以简化为 MS 模型的预测结果。

TK 模型被提出之后，陆续有一些工作试图通过完善界面响应函数、引入界面处的局域非平衡条件来扩展模型的应用范围[67-68,98-99]。但是，这些模型都没有考虑液相中溶质非平衡扩散的弛豫效应，该效应的重要性日益凸显[46-47,100]。Galenko、Sobolev 和 Danilov 为此做了系列工作[101-106]，建立了一个描述液相中溶质非平衡扩散的扩展的菲克(Fick)方程。基于这一方程，在 MarST 的框架内 Galenko 和 Danilov 成功建立了一个快速凝固固液界面的形貌稳定性模型(GD 模型)。这一模型不仅考虑了界面处的局域非平衡扩散动力学，而且考虑了液相中溶质非平衡扩散的弛豫效应。

然而，GD 模型和之前几乎所有模型一样还存在一个明显缺点，那就是线性固相线和液相线假设，这一假设在界面动力学部分的讨论中已经被证明对模型的应用具有较大的限制。Wang 等[86]在 GD 模型的基础上进行了延伸，并成功地去除了这一限制。MarST 框架内的上述一系列典型模型还有一个共同的应用限制，即仅适用于稀释合金。因此，建立一个更加完善的、可应用于非稀释合金的界面形貌稳定性模型，对扩展模型的应用范围具有重要意义。在此背景下，本书作者基于 MarST 框架在前期已建立的适用于非稀释合金的平界面响应函数(详见 1.2.5 小节界面动力学部分)中引入微小的正弦式扰动，并进行线性稳定性分析，建立了一个扩展的考虑了弛豫效应的适用于非稀释合金的界面形貌稳定性模型[60]。基于所建立的形貌稳定性模型，结合非稀释合金的平界面响应函数，可以进一步进行适用于非稀释合金的枝晶凝固建模(详见本书第 7 章)。Wang 等[56]对于多元单相固溶体合金也成功建立了可应用于非稀释合金的形貌稳定性模型。

MarST 以其简单易用并能够给出较好实验描述的优点，获得了广泛使用。然而，近年来陆续有学者对 MarST 提出了质疑，指出其具有明显的理论缺陷：各向同性的相界面假设是 MarST 的前提，在没有界面各向异性的情况下，稳态的旋转抛物面形貌便不能存在。也就是说，只有界面各向异性的存在才能维持稳态的旋转抛物面形貌。相比之下，MicST 更具物理本质并从源头考虑了相界面的各向异性，展现了明显的优势。MicST 起源于 20 世纪 80 年代，Langer[77]、Kessler 等[78,88-89]、Brower 等[90]和 Karma 等[91]为此做了大量工作。MicST 相对 MarST 复杂得多，多年来很少被实际应用，但 MicST 坚实的理论基础对凝固建模的深入、丰富和发展现有凝固理论具有重要意义。近年来，Alexandrov 等[107-108]尝试将其引入枝晶凝固模型以替换 MarST，为此做出了系列工作。在枝晶凝固模型中引入了 MicST，意味着在形貌稳定性建模中成功考虑界面能各向异性和动力学生长各向异性。从枝晶模型整体的自洽性角度考虑，界面动力学部分及以界面响应函数为边界条件的传热和传质部分需要同步被完善。针对这一具体问题，本书作者在非等温、非等溶质系列理论建模中将 MicST 引入，成功建立了基于微观可解性理论并考虑了由各向异性、非平界面引起的界面非等温特性的纯金属及二元合金枝晶凝固模型。该理论工作将该系列模型推向了更加完善的水平。

1.2.4　传热和传质过程

合金熔体的凝固过程伴随着热和溶质原子的扩散。传热和传质过程对固液界面的溶质偏析、界面动力学及界面的形貌稳定性都将产生重要影响。因此，热扩散和溶质扩散过程是合金熔体凝固行为的重要影响因素。早期的凝固研究大多局限于近平衡凝固，固液界面的缓慢迁移使得热扩散和溶质扩散充分进行并达到平衡。建模方法基于经典的傅里叶(Fourier)定律和菲克(Fick)扩散定律。Ivantsov 首次考虑了特定的界面形貌(旋转抛物面)以及界面处和无穷远处的边界条件(界面处的液相溶质浓度为 C_{L}^{*}，温度为 T_{I}；无穷远处液相的溶质浓度为合金初始浓度 C_0，温度为 T_{∞})，结合固液界面处的热量和溶质守恒条件，对稳态 Fourier 方程和 Fick 方程在液相区进行求解，首次获得了相应的解析解[109]，即无量纲热过冷度(dimensionless thermal undercooling degree) Ω_{t} 和无量纲过饱和度(dimensionless supersaturation degree) Ω_{c}。分别表示为

$$\Omega_{\mathrm{t}} \equiv \frac{C_{\mathrm{p}}\left(T_{\mathrm{I}}-T_{\infty}\right)}{\Delta H_{\mathrm{f}}}=\mathrm{Iv}\left(Pe_{\mathrm{t}}\right) \tag{1-20}$$

$$\Omega_{\mathrm{c}} \equiv \frac{C_{\mathrm{L}}^{*}-C_0}{C_{\mathrm{L}}^{*}-C_{\mathrm{S}}^{*}}=\mathrm{Iv}\left(Pe_{\mathrm{c}}\right) \tag{1-21}$$

式中，ΔH_{f} 为熔化潜热($\mathrm{J/mol}$)；C_{p} 为液态合金比热容[$\mathrm{J/(mol\cdot K)}$]；Pe_{t} 为热佩克莱数(thermal Peclet number)；Pe_{c} 为溶质佩克莱数(solutal Peclet number)；Iv 为以 Ivantsov 名字命名的函数，定义为

$$\mathrm{Iv}\left(Pe_{\mathrm{c,t}}\right)=Pe_{\mathrm{c,t}}\mathrm{e}^{Pe_{\mathrm{c,t}}}\int_{Pe_{\mathrm{c,t}}}^{\infty}\left(\frac{1}{s}\mathrm{e}^{-s}\right)\mathrm{d}s \tag{1-22}$$

式中，$Pe_{\mathrm{c,t}}$ 表示 Pe_{t} 或 Pe_{c}。基于上述表达式，C_{L}^{*} 和 T_{I} 可以被进一步确定为

$$C_{\mathrm{L}}^{*}=\frac{C_0}{1-(1-k)\mathrm{Iv}\left(Pe_{\mathrm{c}}\right)} \tag{1-23}$$

$$T_{\mathrm{I}}=T_{\infty}+\frac{\Delta H_{\mathrm{f}}}{C_{\mathrm{p}}}\mathrm{Iv}\left(Pe_{\mathrm{t}}\right) \tag{1-24}$$

随着凝固技术的发展，快速凝固技术不断涌现。当固液界面的迁移速度接近或远超过液相中溶质的扩散速度时，界面处的溶质偏析和液相中的溶质扩散将被

部分甚至完全抑制，进而发生非平衡凝固。非平衡凝固条件下，经典不可逆过程热力学体系下的菲克扩散定律已经不再适用。与此同时，以 Jou 等[44-45]的理论为代表的延伸的不可逆过程热力学 EIT 框架已经建立并不断完善，产生了可以描述扩散非平衡效应(弛豫效应)的 Maxwell-Cattane 方程，即溶质扩散情况下的非 Fick 方程。因此，基于该方程重新建立液相区溶质场分布并引入扩散的弛豫效应，是一项有价值的基础研究。Galenko[103]对此做了相关工作，他对四种主要界面形貌分别求得了非 Fick 方程的解析解。对于枝晶凝固建模常用的旋转抛物面界面形貌，界面处液相的溶质浓度 C_L^* 可以被进一步扩展如下：

$$C_L^* = \frac{C_0}{1-(1-k)\mathrm{Iv}(Pe_c)}, \quad V < V_D \tag{1-25a}$$

$$C_L^* = C_0, \quad V \geqslant V_D \tag{1-25b}$$

无论是 Ivantsov 还是 Galenko 的研究，上述系列工作有一个共同的理论前提，即假设固液界面是等温、等溶质分布的。由于旋转抛物面的旋转对称性，热和溶质扩散方程的求解可以简化为二维情况。又由于等温、等溶质的界面假设，二维情况又可以被进一步简化为一维情况，这使得方程的求解大为简化。然而，如前所述，实际凝固过程中固液界面大多是非平界面，这将产生非等温、非等溶质的固液界面。因此，在求解液相区中的传热和传质方程时，需要采用非等温、非等溶质的界面响应函数为边界条件，同时需要求解二维扩散场，这将使得求解问题变得更为复杂。

Temkin 首次考虑到纯金属固液界面的非等温特性，提出了一种基于抛物线坐标系相对简洁的数学方法，并获得了解析解[110]。与此同时，Bolling 和 Tiller 也提出了另外一种数学方法来处理同样的问题，然而该方法相对复杂[111]。随后，Kotler 和 Tarshis[112]、Trivedi[113]分别成功扩展了 Temkin 方法来描述高佩克莱数情况下的传热过程。近年来，本书作者针对枝晶凝固过程中非等温、非等溶质固液界面条件下的热传导和非平衡溶质扩散，充分借鉴了上述系列工作，在抛物线坐标系下重新对传热和传质方程进行了求解，并获得了相应的解析解。该研究与溶质偏析、界面动力学及界面形貌稳定性研究，共同奠定了非等温、非等溶质固液界面枝晶凝固系列理论建模的基础[114]。

1.2.5　枝晶凝固模型

枝晶是金属凝固过程中最常见的初生微观组织，枝晶组织的形成及演化自始至终存在于凝固过程中，很难从凝固实验中得到这些变化的具体过程，但这也正是学者想清楚理解并成功建模的部分。更加符合物理实际的非平衡枝晶生长过程建模及模拟，对凝固现象的解释和凝固结果的定量预测具有重要意义。枝晶生长主要分为自由枝晶生长和定向枝晶生长。自由枝晶生长过程没有外加温度场的定向控制，凝固潜热的释放使得界面处的温度高于过冷合金熔体的温度。因此，凝固潜热通过过冷合金熔体及时导出，并且固液界面迁移沿着负温度梯度的方向进行。相比之下，定向枝晶凝固是通过外加温度场的控制，维持热流一维传导并使凝固界面沿逆热流方向(正温度梯度)推进来实现的。本书重点关注自由枝晶生长过程[55,115-132]。

自由枝晶生长过程的描述是在给定合金初始浓度 C_0 和总过冷度 ΔT (或者无穷远处过冷合金熔体的温度 T_∞)的情况下，预测枝晶尖端曲率半径 r 、凝固速度 V 、界面处固相溶质浓度 C_S^* 和液相溶质浓度 C_L^* 、界面温度 T_I 。由这些基本物理量可以确定其他凝固参数，如非平衡溶质再分配系数 k ($k = C_S^* / C_L^*$)、热佩克莱数 Pe_t ($Pe_t = rV / 2\alpha_L$ ， α_L 为热扩散系数)及溶质佩克莱数 Pe_c ($Pe_c = rV / 2D_L$ ， D_L 为溶质扩散系数)等。为了唯一确定这五个物理量，数学上需要五个独立的方程来限定。物理上可以通过如下凝固过程和现象的描述来完成：溶质偏析模型给出了一个 C_S^* 和 C_L^* 之间的关系(1.2.1 小节)；凝固速度 V 可以通过界面响应函数来描述(1.2.2 小节)；枝晶尖端曲率半径 r 的表达式可以由形貌稳定性模型给出(1.2.3 小节)；界面温度 T_I 和液相溶质浓度 C_L^* 可以分别由液相中的传热和传质过程建模来确定(1.2.4 小节)。可见，溶质偏析模型、界面动力学、界面稳定性及传热和传质过程是枝晶凝固理论建模的基础。

Ivantsov 是建立自由枝晶生长模型的先驱。他假设枝晶尖端具有旋转抛物面的界面形貌，并且界面是等温、等溶质的。通过求解固液界面前沿液相中的传热和传质方程，Ivantsov 获得了界面液相溶质浓度 C_L^* 和界面温度 T_I 的理论描述(1.2.4 小节)。在 Ivantsov 所建立的理论基础之上，自由枝晶生长模型陆续完成了由局域平衡界面情况扩展至界面局域非平衡情况，由线性相边界假设到考虑了实际相图的弯曲相边界，由忽略液相中溶质扩散的局域非平衡性到考虑了液相非平衡溶质扩散的弛豫效应，由描述固液界面稳定性的边缘稳定性理论到微观可解性理论，由稀释合金假设到适用于非稀释合金等，进行了一系列的模型完善工作。

1984 年，针对界面局域热力学平衡的情况，采取线性固相线和液相线假设，Lipton 等[115]在 Ivantsov 所建立的理论基础之上，首次建立了一个枝晶凝固模型(LGK 模型)。由于界面处于热力学平衡态，溶质偏析充分进行，即非平衡溶质再分配系数 $k \equiv k_e$ 。由于固、液相线近似为线性，平衡溶质再分配系数 k_e 为常数。LGK 模型并没有采用 Turnbull 的碰撞限制生长规则来描述凝固速度 V ，而是建立了一个关于总过冷度 ΔT 的界面响应函数：

$$\Delta T = T_L\left(C_0\right) - T_\infty = \Delta T_t + \Delta T_c + \Delta T_r \tag{1-26}$$

式中，T_L 为液相线温度(K)；ΔT_t 为热过冷度(thermal undercooling degree)(K)；ΔT_c 为溶质过冷度(constitutional undercooling degree)(K)； ΔT_r 为曲率过冷度(curvature undercooling degree) (K)。这三个过冷度组成部分分别描述为

$$\Delta T_t = T_I - T_\infty = \frac{\Delta H_f}{C_p}\mathrm{Iv}\left(Pe_t\right) \tag{1-27}$$

$$\Delta T_c = m_L\left(C_0 - C_L^*\right) = m_L C_0\left[1 - \frac{1}{1-\left(1-k_e\right)\mathrm{Iv}\left(Pe_c\right)}\right] \tag{1-28}$$

$$\Delta T_r = 2\Gamma / r \tag{1-29}$$

式中，Γ 为吉布斯-汤姆逊系数(Gibbs-Thompson coefficient)，也称为毛细管常数($K\cdot m$)。

基于 Langer 和 Müller-Krumbhaar[116-118]的理论及 TK 模型的边缘稳定性分析，LGK 模型给出了枝晶尖端曲率半径 r 的表达式为[115,119]

$$r = \frac{\Gamma / \sigma^*}{\dfrac{\Delta H_f Pe_t}{C_p} + \dfrac{2m_L C_0\left(k_e - 1\right)Pe_c}{1-\left(1-k_e\right)\mathrm{Iv}\left(Pe_c\right)}} \tag{1-30}$$

式中，σ^* 为稳定性常数(无量纲)，$\sigma^* \approx 1/(4\pi^2)$ [116]。联立式(1-26)和式(1-30)即可完全确定凝固速度 V (m / s)和枝晶尖端曲率半径 r (m)，进而确定其他所有凝固参数。由于界面局域平衡假设，LGK 模型仅仅适用于低过冷度和小佩克莱数的情况。

1987 年，为了扩展 LGK 模型使其可以应用于大佩克莱数的情况，Lipton、Kurz 和 Trivedi[121]提出了一个扩展的 LGK 模型(LKT 模型)。该模型采用了 TK 模型作为边缘稳定性判据，对枝晶尖端曲率半径 r 的表达式[式(1-30)]进行了修正。原始结果采用了无量纲函数来表达，为便于比较，其等价形式改写为

$$r = \frac{\Gamma / \sigma^*}{\dfrac{\Delta H_f Pe_t}{C_p}\xi_t + \dfrac{2m_L C_0\left(k_e - 1\right)Pe_c}{1-\left(1-k_e\right)\mathrm{Iv}\left(Pe_c\right)}\xi_c} \tag{1-31}$$

式中，液相的热稳定性参数 ξ_t (无量纲)和溶质稳定性参数 ξ_c (无量纲)分别被定义为

$$\xi_t = 1 - \frac{1}{\sqrt{1+\left(\sigma^* Pe_t^2\right)^{-1}}} \tag{1-32}$$

$$\xi_c = 1 + \frac{2k_e}{1 - 2k_e - \sqrt{1+\left(\sigma^* Pe_c^2\right)^{-1}}} \tag{1-33}$$

LKT 模型可以应用于大热佩克莱数的情况。在此凝固条件下，界面处的溶质分配是非平衡的。然而，该模型依然采用平衡溶质再分配系数 k_e，这是不自洽的。

在同一期的 *Acta Metallurgica* 中，Trivedi 等[122]随后在 LKT 模型中引入了 Aziz 的溶质偏析模型[式(1-3)]来描述非平衡溶质再分配系数 k。采用三位作者名字的首字母，这一模型被称作 TLK 模型。虽然该模型相对于 LKT 模型更加完善，但是它依然将总过冷度考虑为三部分，并沿用了 LGK 模型的表达式[式(1-26)]。在界面局域热力学平衡情况下，界面处的液相溶质浓度 C_L^* 即为界面温度 T_I 确定的平衡液相线溶质浓度 C_L^{eq}。在高过冷度条件下，界面处局域非平衡将产生一个非平衡溶质再分配系数 k，也就是 $C_L \neq C_L^{eq}(T_I)$。于是，C_L^* 对应的液相线温度与 T_I 之间将出现一个差值，这一差值就是动力学过冷度 ΔT_k (详见文献[67])。然而，TLK 模型并没有考虑动力学过冷度的影响。

1988 年，Boettinger、Coriell 和 Trivedi[68]建立了一个相对完善且自洽的自由枝晶生长模型(BCT 模型)。该模型充分考虑了快速凝固条件下的非平衡界面情况，同样采用了 Aziz 的溶质偏析模型[式(1-3)]来描述界面处的非平衡溶质再分配，采用了 TK 模型来描述枝晶尖端曲率半径 r [式(1-31)中，用 k 来替换 k_e]。BCT 模型与上述模型不同之处在于，它采用了 Baker-Cahn 关系式[式(1-11)]描述的界面迁移热力学驱动力和 Turnbull 的碰撞限制生长规则[式(1-12)]来确定凝固速度 V，同时也给出了 V 与 T_I、C_L^*、r 的函数关系，即界面响应函数。虽然没有具体给出动力学过冷度的表达式，但上述界面响应函数已经成功地考虑了动力学过冷度的影响。因此，在 Ivantsov 理论的基础上，BCT 模型从溶质偏析、界面迁移驱动力和界面形貌稳定性三个方面同时考虑了界面局域非平衡效应，适合于快速凝固过程的描述。在自由枝晶生长理论发展的历程中，BCT 模型已经成为经典模型。需要注意的是，BCT 模型采取了线性固相线和液相线假设、Baker-Chan 关系式[式(1-11)]和 Aziz 的溶质偏析模型[式(1-3)]，这些都直接限制了 BCT 模型的应用范围，使其仅仅适用于稀释合金。

1998 年，Divenuti 和 Ando[67,123]在 BCT 模型的基础上首次提出了考虑了非线性固相线和液相线的自由枝晶生长模型(DA 模型)。对应于每一确定的界面温度 T_I，该模型需要从实际的相图读取平衡溶质浓度 C_S^{eq} 和 C_L^{eq}。因此，平衡溶质再分配系数 k_e 也不再是常数，而是温度的函数，表示为 $k_e(T_I)$。DA 模型首次明确地给出了总过冷度四个组成部分的定义，采用了界面迁移驱动力的热力学描述，DA 模型[67,124]采取的界面响应函数详见式(1-13)。其中，基于 Gibbs-Thompson 效应考虑了界面曲率的影响，T_I 需要由 $T_I + \Delta T_r$ 来替换。由于采取了弯曲相边界，为保证模型自洽性，DA 模型将曲率半径 r 修正为

$$r=\frac{\Gamma/\sigma^{*}}{\frac{\Delta H_{\mathrm{f}}Pe_{\mathrm{t}}}{C_{\mathrm{p}}}\xi_{\mathrm{t}}+\frac{2\mathrm{d}T_{\mathrm{L}}/\mathrm{d}C_{x}|_{C_{x}=C_{\mathrm{L}}^{*}}C_{0}(k-1)Pe_{\mathrm{c}}}{1-(1-k)\mathrm{Iv}(Pe_{\mathrm{c}})}\xi_{\mathrm{c}}} \tag{1-34}$$

与式(1-31)相比，除了ξ_{c}中的k_{e}需要用k来替换外，液相线斜率$\mathrm{d}T_{\mathrm{L}}/\mathrm{d}C_{x}$($\mathrm{K}/\%$)不再是常数$m_{\mathrm{L}}$的函数($C_{x}$为相图的横坐标，即溶质浓度)，而是界面温度(或$C_{\mathrm{L}}^{*}$)的函数。虽然式(1-34)能够处理非线性相边界的情况，但是该模型仍然采用 Baker-Chan 关系式[式(1-11)]及 Aziz 的稀释合金溶质偏析模型。因此，DA 模型仍然仅仅适用于稀释合金。另外，随着凝固技术的发展，液相中溶质非平衡扩散的弛豫效应已被实验证实，并获得了广泛的关注；DA 模型除了从合金成分的适用范围这一角度外，还需要从液相扩散的弛豫效应角度加以完善。

1999 年，Galenko 和 Danilov[104-105]建立了一个考虑了弛豫效应的自由枝晶生长模型(GD 模型)。该模型采用了 Sobolev 的溶质偏析模型[式(1-4)]来描述界面处和液相中的非平衡溶质扩散。GD 模型并没有采用 Turnbull 的碰撞限制生长规则来描述界面响应函数，而是基于总过冷度的构成将动力学过冷度描述为$\Delta T_{\mathrm{k}}=V/\mu$，其中$\mu$为界面动力学系数[$\mathrm{m}/(\mathrm{s}\cdot\mathrm{K})$]。由于考虑了液相非平衡扩散的弛豫效应，GD 模型基于扩展菲克方程，在 MarST 的框架内将曲率半径r进一步修正为

$$r=\frac{\Gamma/\sigma^{*}}{\frac{\Delta H_{\mathrm{f}}Pe_{\mathrm{t}}}{C_{\mathrm{p}}}\xi_{\mathrm{t}}+\frac{2m(V)C_{0}(k-1)Pe_{\mathrm{c}}}{\psi\left[1-(1-k)\mathrm{Iv}(Pe_{\mathrm{c}})\right]}\xi_{\mathrm{c}}},\quad V<V_{\mathrm{D}} \tag{1-35a}$$

$$r=\frac{\Gamma/\sigma^{*}}{\frac{\Delta H_{\mathrm{f}}Pe_{\mathrm{t}}}{C_{\mathrm{p}}}\xi_{\mathrm{t}}},\quad V\geqslant V_{\mathrm{D}} \tag{1-35b}$$

式中，$m(V)$为动力学液相线斜率($\mathrm{K}/\%$)，由式(1-17)定义；V_{D}为液相中的溶质扩散速度(m/s)；ψ为弛豫因子(无量纲)，定义为$\psi=1-V^{2}/V_{\mathrm{D}}^{2}$；液相的热稳定性参数$\xi_{\mathrm{t}}$仍由式(1-32)定义；液相的溶质稳定性参数$\xi_{\mathrm{c}}$(无量纲)扩展为

$$\xi_{\mathrm{c}}=1+\frac{2k}{1-2k-\sqrt{1+\psi/(\sigma^{*}Pe_{\mathrm{c}}^{2})}},\quad V<V_{\mathrm{D}} \tag{1-36a}$$

$$\xi_{\mathrm{c}}=0,\quad V\geqslant V_{\mathrm{D}} \tag{1-36b}$$

弛豫效应表明，当合金的凝固速度超过液相中的溶质扩散速度时($V\geqslant V_{\mathrm{D}}$)，合金与纯金属的凝固行为将没有任何差别。GD 模型很好地反映了这一弛豫效应。然而，该模型仍然假设线性固相线和液相线，并且仍然仅仅适用于稀释合金。

2007 年，Wang 等[70]在 GD 模型的基础上全面引入了非线性固相线和液相线，

建立了一个扩展的自由枝晶生长模型。该模型同样采用了 Sobolev 的溶质偏析模型[式(1-4)]来描述界面处和液相中的非平衡溶质扩散，采用了界面迁移驱动力和 Turnbull 的碰撞限制生长规则来描述界面响应函数[详见式(1-17)]。该模型将 GD 模型的曲率半径 r 进一步扩展为

$$r=\frac{\Gamma/\sigma^*}{\frac{\Delta H_\mathrm{f} Pe_\mathrm{t}}{C_\mathrm{p}}\xi_\mathrm{t}+\frac{2M\left(V,T_\mathrm{I}+\Delta T_\mathrm{r}\right)C_\mathrm{L}^*\left(k-1\right)Pe_\mathrm{c}}{\psi}\xi_\mathrm{c}},\quad V<V_\mathrm{D} \tag{1-37a}$$

$$r=\frac{\Gamma/\sigma^*}{\frac{\Delta H_\mathrm{f} Pe_\mathrm{t}}{C_\mathrm{p}}\xi_\mathrm{t}},\quad V\geqslant V_\mathrm{D} \tag{1-37b}$$

式中，液相的热稳定性参数 ξ_t 仍由式(1-32)定义；线性相边界假设下的动力学液相线斜率 $m(V)$ 被替换为 $M\left(V,T_\mathrm{I}\right)$，并考虑了界面曲率的影响；液相的溶质稳定性参数 ξ_c 和弯曲相边界情况下的动力学液相线斜率 $M\left(V,T_\mathrm{I}\right)$ (K / %)分别定义为

$$\xi_\mathrm{c}=1-\frac{2k+2M\left(V,T_\mathrm{I}+\Delta T_\mathrm{r}\right)C_\mathrm{L}^*\partial k/\partial T\,|_{T=T_\mathrm{I}+\Delta T_\mathrm{t}}}{\sqrt{1+\psi/\left(\sigma^* Pe_\mathrm{c}^2\right)}+2k-1+2M\left(V,T_\mathrm{I}+\Delta T_\mathrm{r}\right)C_\mathrm{L}^*\partial k/\partial T\,|_{T=T_\mathrm{I}+\Delta T_\mathrm{t}}},\quad V<V_\mathrm{D} \tag{1-38a}$$

$$\xi_\mathrm{c}=0,\quad V\geqslant V_\mathrm{D} \tag{1-38b}$$

$$M\left(V,T_\mathrm{I}\right)=\frac{-m_\mathrm{L}\left(T_\mathrm{I}\right)m_\mathrm{S}\left(T_\mathrm{I}\right)N\left(V,T_\mathrm{I}\right)}{m_\mathrm{L}\left(T_\mathrm{I}\right)-m_\mathrm{S}\left(T_\mathrm{I}\right)+m_\mathrm{L}\left(T_\mathrm{I}\right)m_\mathrm{S}\left(T_\mathrm{I}\right)C_\mathrm{L}^*\partial N\left(V,T_\mathrm{I}\right)/\partial T\,|_{T=T_\mathrm{I}}} \tag{1-39}$$

在 Wang 等[70]的模型中，由于采取非线性固相线和液相线，平衡溶质浓度 C_S^eq 和 C_L^eq、平衡液相线斜率 m_L 和平衡固相线斜率 m_S、平衡溶质再分配系数 k_e 都是温度的函数，需由相图直接读取或采取恰当的热力学模型和数据来计算。该模型的确使自由枝晶生长模型离实际情况更加接近了一步，但是依然存在着稀释合金限制。

2008 年，Önel 和 Ando[123]建立了一个扩展的 DA 模型。该模型采用了一个温度依赖的亚正规熔体模型来描述界面迁移驱动力，成功地去除了 Baker-Cahn 关系式[式(1-11)]带来的稀释合金限制。然而，该模型依然采取 Aziz 的稀释合金溶质偏析模型。此外，该模型所沿用的 DA 模型界面形貌稳定性判据也同样存在稀释合金限制。同年，Hartmann 等[124]在描述过冷 $Ti_{45}Al_{55}$ 合金熔体的非平衡快速凝固时提出了一个扩展的 GD 模型，该模型采用了 Galenko 提出的可用于非稀释合金的考虑了弛豫效应的溶质偏析模型[式(1-5)]。然而，该模型依然采取了线性固相线和液相线假设，这一假设对于非稀释合金是完全不适合的。至此，还没有一个

足够自洽的可用于非稀释合金的自由枝晶生长模型。

2012 年，在尽量去除不必要的近似、没有物理意义的假设并使模型更准确合理的指导思想下，本书作者成功建立了一个真正自洽的适用于非稀释合金的枝晶凝固模型[62]。该模型基于前期所建立的适用于非稀释合金的非平衡界面响应函数，采用相图计算优化后的吉布斯自由能描述界面迁移驱动力；基于所建立的界面响应函数，在 MarST 框架内重新进行了边缘稳定性分析。同时，该模型采用了适用于非稀释合金的溶质偏析模型和 Ivantsov 模型给出的传热和传质结果。因此，该模型从溶质偏析、界面动力学、界面形貌稳定性及传热和传质四部分同时避免了稀释合金假设，完全适用于非稀释合金。2013 年，Wang 等[55]基于热力学极值原理,对于多元单相固溶体合金成功建立了可应用于非稀释合金的枝晶凝固模型。

2017～2019 年,Alexandrov 等[107-108]尝试用 MicST 替换 MarST 进行固液界面形貌稳定性分析，做出了系列工作，进而成功建立了枝晶凝固模型。2015～2021 年，本书作者和刘书诚等在非等温、非等溶质固液界面理论建模中不断深入，成功建立了系列枝晶凝固模型，包括非平界面的溶质偏析模型[125]及枝晶凝固模型[126]，考虑了界面非等温特性的纯金属枝晶凝固模型[127]，考虑了界面非等温、非等溶质耦合影响的枝晶凝固模型[114]，考虑了界面非等温、非等溶质特性和弛豫效应的枝晶凝固模型[128],基于微观可解性理论同时考虑了界面非等温特性的纯金属枝晶凝固模型[129],基于微观可解性理论同时考虑了由各向异性和非平界面共同引起的界面非等温枝晶凝固模型[130]，以及进一步考虑了对流效应的枝晶凝固模型[131]等 7 个枝晶凝固模型。2021 年，本书作者还进一步考虑了热力学-动力学相关性、进行了界面动力学建模，并在此基础上成功建立了枝晶凝固模型[132]。上述理论工作将枝晶凝固系列模型推向了更加完善的水平，丰富和发展了现有凝固理论。

1.3 本书主要内容

尽量去除不必要的近似和没有物理意义的假设,建立更加符合物理本质规律、更加完善自洽的枝晶凝固模型，是凝固理论研究的一个重要方面，无论从实际应用还是对枝晶生长过程本质理解的角度，都具有重要意义。本书针对枝晶凝固理论建模所追求的三个主要目标，非等温及非等溶质界面建模、适用于非稀释合金和考虑热力学-动力学相关性,系统介绍了本书作者及其合作者为实现上述目标建立的不断深入的系列枝晶凝固模型。其中，关于非等温及非等溶质界面的系列枝晶凝固模型在第 2 章至第 6 章中加以介绍；关于适用于非稀释合金的枝晶凝固模型在第 7 章中加以介绍；关于基于热力学-动力学相关性的枝晶凝固模型在第 8

章中加以介绍。主要研究内容分章节概述如下。

(1) 非平界面的溶质偏析建模及枝晶凝固模型。当界面为非平界面时，界面法向速度沿着界面而变化,进而界面处的不同位置将表现出不同的溶质偏析程度。针对非平界面，考虑了溶质偏析的界面法向速度依赖性，在 Sobolev 模型的基础上建立了适用于非平界面的溶质偏析模型。该模型的建立为本书非等温及非等溶质界面的系列枝晶凝固建模奠定了溶质偏析部分的理论基础。基于建立的溶质偏析模型，在同时考虑了非平界面导致的溶质偏析的界面法向速度依赖性与局域非平衡溶质扩散弛豫效应的情况下，建立了一个扩展的自由枝晶生长模型。从界面处平均溶质浓度及平均分配系数的角度，近似推导并计算了界面迁移驱动力和尖端曲率半径，进而初步分析了界面非等溶质对枝晶凝固行为的影响。该部分内容位于本书第 2 章[125-126]。

(2) 基于界面非等温特性的纯金属枝晶凝固模型。对于纯金属，不涉及溶质扩散和溶质偏析的影响，建模问题相对简化。基于非等温的界面响应函数，并以此为液相热扩散方程求解的边界条件，在抛物线坐标系下准确求解并获得了包括枝晶尖端在内的固液界面处温度分布的解析描述。界面形貌稳定性分析部分依然采用了 MarST。综合上述界面动力学、界面稳定性及热扩散三部分的结果，建立了纯金属枝晶凝固模型，将模型预测结果与实验数据进行了比较分析与讨论。该部分内容见 3.1 节[127]。

(3) 界面非等温和非等溶质耦合影响下的枝晶凝固模型。在第 2 章和 3.1 节的基础上，进一步建模并分析非等温、非等溶质界面特性的耦合影响。基于第 2 章建立的非平界面的溶质偏析模型，建立了非等温、非等溶质界面的界面动力学描述。以此为边界条件，在没有引入额外假设的条件下，基于抛物线坐标系重新对传热和传质方程分别进行了求解，并获得了界面处以及界面前沿液相中温度场和溶质场的解析描述，进而得到了枝晶尖端温度与溶质浓度的理论描述。进一步结合 MarST 的界面形貌稳定性分析，建立了考虑了界面非等温和非等溶质耦合影响的枝晶凝固模型。该部分内容见 3.2 节[113]。

(4) 引入界面非等温和非等溶质特性及弛豫效应的枝晶凝固模型。作为非等温、非等溶质固液界面枝晶凝固系列建模，第 3 章成功实现了界面非等温、非等溶质特性的真正耦合，为后续工作奠定了坚实的基础。然而，该模型没有考虑液相非平衡溶质扩散的弛豫效应，这导致了模型预测与结果实验结果在高过冷度下的显著偏差。因此，在第 3 章的基础上，考虑弛豫效应重新求解了液相传热和传质方程，结合相应的溶质偏析模型和 MarST，建立了扩展版的枝晶凝固模型；对比分析了界面非等温和非等溶质对最终凝固行为的影响；将模型与已有的实验数据进行了比较，进一步证实了考虑弛豫效应和非等温界面的必要性。该部分内容见第 4 章[128]。

(5) 基于微观可解性理论和非等温界面的纯金属枝晶凝固模型。上述四个模型共同基于传统的 MarST，因其简单易用并能够给出较好的实验描述，现已获得了广泛使用。然而，MarST 有其理论局限性(假设相界面是各向同性的)。相比之下，MicST 更具物理本质，并且在从源头考虑相界面的各向异性上展现了明显的优势。MicST 相对复杂且与枝晶凝固模型的耦合尚属罕见，因此，为将该系列模型推向更完善的水平，选取纯金属枝晶凝固这一相对简化的情况作为初步尝试，基于 3.1 节建立的模型，以 MicST 代替与现有理论框架不自洽的 MarST 来建模界面稳定性，进而建立了非等温界面的纯金属枝晶凝固模型。该部分内容见 5.1 节[129]。

(6) 基于微观可解性理论及由各向异性和非平界面共同引起的非等温界面枝晶凝固模型。凝固过程中固液界面的非平界面性会引起界面法向速度以及界面局域曲率的变化，进而引起界面的非等温性质。上述五个模型所考虑的界面非等温特性正是由非平面固液界面引起的。不仅非平界面会引起界面的非等温特性，包括界面能各向异性和动力学生长各向异性在内的相界面各向异性同样会引起界面的非等温特性。作为初步尝试，5.1 节采用 MicST 从源头考虑了相界面的各向异性。为使模型的理论基础更具物理意义、更加自洽，本书基于 MicST，充分考虑由非平界面和各向异性共同引起的界面非等温特性，建立了完全自洽的过冷单相二元固溶体合金熔体枝晶凝固模型。该部分内容见 5.2 节[130]。

(7) 进一步引入了对流效应的枝晶凝固模型。作为非等温、非等溶质界面枝晶凝固系列建模，上述研究从纯金属到单相二元固溶体合金，从局域平衡扩散假设到考虑了液相非平衡溶质扩散的弛豫效应，从基于与现有理论框架不够自洽的传统 MarST 到更具物理本质并从源头考虑了相界面各向异性的 MicST 进行界面形貌稳定性建模，从仅仅建模由非平界面引起的界面非等温和非等溶质特性到同时考虑了由非平界面和各向异性共同引起的界面非等温特性，层层深入，不断完善。作为第一部分系列枝晶凝固建模内容的尾声，第 6 章在第 5 章的基础上进一步考虑了凝固过程中十分普遍并对凝固最终微结构产生实质影响的热对流现象，建立相对更加完善的枝晶凝固模型。该部分内容见第 6 章[131]。

(8) 适用于非稀释合金的枝晶凝固模型。本书第二部分内容，从界面响应函数、基于 MarST 的界面形貌稳定性两方面进行非稀释扩展，并采用 Galenko 的适用于非稀释合金的溶质偏析模型及 Ivantsov 关于传热和传质部分理论描述，建立了适用于非稀释合金的同时考虑了液相中溶质非平衡扩散弛豫效应的枝晶凝固模型。该模型在其涉及的所有方面去除了稀释假设，充分保证了模型的自洽性。应用到典型的非稀释合金 $Cu_{70}Ni_{30}$，模型预测结果与实验结果获得了很好的一致性。应用到 Pb-Sn 体系，对该模型与 Wang 等[70]的稀释合金假设模型进行了详细的比较分析。最终证明了本书模型扩展到非稀释合金的必要性和正确性。该模型为将非等温、非等溶质界面系列枝晶凝固模型推向非稀释合金版本奠定了基础。该部分内容见第 7 章[62]。

(9) 基于热力学-动力学相关性的界面动力学建模及枝晶凝固模型。本书第三部分内容，聚焦界面动力学，从热力学驱动力和动力学能垒的协同作用、共同决定相变过程的角度考虑，在界面动力学中引入有效动力学能垒的影响，进行界面动力学建模，进而建立了考虑了热力学-动力学相关性的平界面迁移和枝晶凝固模型。分别应用到平界面迁移和枝晶凝固过程，充分考虑碰撞限制生长模式和短程扩散限制生长模式的耦合，讨论了四种潜在的热力学-动力学相关性。通过与假设动力学前因子不变的模型比较，结果表明，通常发生在合金低过冷度凝固过程中的界面迁移变缓现象是热力学和动力学两种因素共同作用的结果，而不仅仅是有效热力学驱动力的影响。通过讨论热力学-动力学相关性的普适性，最终证明在合金凝固的界面动力学建模中考虑热力学-动力学相关性的合理性和必要性。该部分内容见第 8 章[132]。

第 2 章　非平界面的溶质偏析建模及非等溶质界面的枝晶凝固模型

枝晶凝固理论建模经过几十年的不断发展和逐渐完善，先后去除了如下限制条件：界面局域平衡假设、线性相边界假设、忽略液相中溶质非平衡扩散的弛豫效应及稀释合金假设。近年来，为持续丰富和进一步发展凝固理论，等温、等溶质固液界面假设的不严谨性日益凸显。枝晶界面为典型的非平界面，如图 2-1 所示，界面的法向速度沿界面变化。稳态情况下，界面处任一点的法向速度 V_n 取决于界面法向与枝晶轴向的夹角 θ 。凝固过程中溶质分配程度是与凝固速度密切相关的，而控制局域溶质分配的“有效速度”就是界面法向速度。由于溶质偏析的界面法向速度依赖性，沿着固液界面溶质偏析程度是变化的，这将导致沿着固液界面溶质分布的非等值性。非等溶质界面作为液相扩散场的边界条件，它将通过溶质传输最终对凝固行为产生影响。因此，为建模并讨论非等温、非等溶质界面对枝晶凝固的影响，适用于非平界面的溶质偏析建模是基础性工作。作为非等温、非等溶质界面系列建模的第一步，本章建立了非平界面的溶质偏析模型，并在此基础上建立了非等溶质界面的枝晶凝固模型[125-126]。

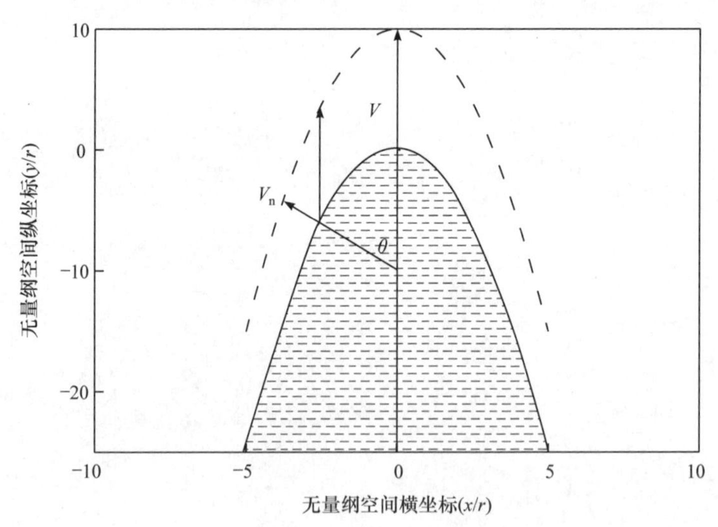

图 2-1　非平界面法向速度依赖性示意图

$x^2=-2ry$ ， r 为尖端曲率半径

2.1　适用于非平界面的溶质偏析建模

为了建模并描述界面处的不同位置，引入界面法向与枝晶轴向的夹角 θ ，如图 2-1 所示。显然，对于稳态枝晶生长，界面法向速度 V_n 与凝固速度 V 之间满足：

$$V_n(\theta)=V\cos\theta \tag{2-1}$$

式(2-1)体现了界面法向速度 V_n (m / s)随角度 θ 的变化关系，即法向速度 V_n 沿着界面取值是不同的。因此，在界面处的不同位置，溶质偏析程度是不同的，进而表现为沿着固液界面溶质再分配系数的变化。这一变化将会对界面形貌稳定性、无偏析凝固的转变及其他快速凝固过程产生实质的影响[125]。

将式(2-1)与 Sobolev[22]的溶质偏析模型耦合，可以进一步将溶质再分配系数 k 描述如下：

$$k(V,\theta)=\begin{cases}\dfrac{k_e\left(1-V^2\cos^2\theta/V_D^2\right)+V\cos\theta/V_{DI}}{\left(1-V^2\cos^2\theta/V_D^2\right)+V\cos\theta/V_{DI}}, & V\cos\theta<V_D\\ 1, \quad V\cos\theta\geqslant V_D\end{cases} \tag{2-2}$$

式中，k_e 为平衡溶质再分配系数(无量纲)；V_{DI} 为界面溶质扩散速度 (m / s) ；V_D 为液相中的溶质扩散速度 (m / s) 。在枝晶尖端，$\theta=0$ ，式(2-2)即可简化为 Sobolev 的平界面版本[式(1-4)]。需要注意的是，这一表达式仅仅适用于稀释合金。对于非稀释合金，需要在扩展的 CGM[20][式(1-5)]基础上采取上述方法获得相应的修正模型。此外，由 Sobolev 建立的其他溶质偏析模型也可以采取类似的方法来获得相应的扩展版本。如果线性固相线和液相线近似是合理的，k_e 为常数，否则，其是界面温度 T_I 的函数，$k_e(T_I)$ 需要由实际相图来给出。

在某一凝固速度下，存在一个临界的角度，表征界面稳态区域与非稳态区域的分界点，记为 θ_{max} 。当 θ 超过这一临界值 θ_{max} 时，二次枝晶臂或缩颈现象将会发生。此外，对于稳态枝晶生长问题，旋转抛物面是固液界面很好的一个近似，通常采用枝晶尖端的曲率半径 r 来表征固液界面[2]。因此，对于当前模型，考虑到界面法向速度 V_n 对角度 θ 的依赖关系，需要使用 r 和 θ_{max} 这两个参数来分别描述稳态枝晶的界面形状和限定界面的稳态生长范围(严格来说，r 和 θ_{max} 这两个参数之间也存在一定关系)。

鉴于溶质再分配系数 $k(V,\theta)$ 对 θ 的依赖关系，本书使用平均溶质再分配系数 $\overline{k}(V)$ 来近似描述非平界面导致的非等溶质分布带来的影响。从枝晶尖端到根部，对溶质再分配系数 $k(V,s)$ 进行路径积分可以得到如下描述：

$$\bar{k}(V)=\begin{cases}\int_0^{s_{\max}}\dfrac{k(V,s)\mathrm{d}s}{s_{\max}}, & V\cos\theta_{\max}<V_{\mathrm{D}}\\ 1, & V\cos\theta_{\max}\geqslant V_{\mathrm{D}}\end{cases} \tag{2-3}$$

式中，s 为任一点沿着固液界面到枝晶尖端的路径长度(m)，因此 $s_{\max}$ 与 $\theta_{\max}$ 对应的是同一界面位置。此外，$s=0$ 与 $\theta=0$ 也对应同一点，即枝晶尖端。对于旋转抛物面型固液界面($x^2=-2ry$，图 2-1)，角度 θ 与参数 s 间存在关系，$\theta=(1/3)\times\ln[(3s/r)+1]$。因此，式(2-3)可以进一步被确定为

$$\bar{k}(V)=\begin{cases}\dfrac{3\int_0^{\theta_{\max}}k(V,\theta)\mathrm{e}^{3\theta}\mathrm{d}\theta}{\mathrm{e}^{3\theta_{\max}}-1}, & V\cos\theta_{\max}<V_{\mathrm{D}}\\ 1, & V\cos\theta_{\max}\geqslant V_{\mathrm{D}}\end{cases} \tag{2-4}$$

这里需要强调的是，在此平均溶质再分配系数 $\bar{k}(V)$ 的表达式中并没有表征枝晶具体形貌的参数 r，这说明 $\bar{k}(V)$ 的描述与具体的旋转抛物面形貌无关。这给进一步的建模工作带来了较大的便利，尤其是枝晶凝固问题。

接下来分析溶质再分配系数的界面法向依赖性。图 2-2 给出了不同凝固速度情况下溶质再分配系数 $k(V,\theta)$ 随角度 θ 的变化。可以看到，随着角度 θ 的增大，相应的界面法向速度 $V_{\mathrm{n}}(\theta)$ 减小，进而溶质再分配系数 $k(V,\theta)$ 也变小。当凝固速度 $V\ll V_{\mathrm{D}}$，即图 2-2 中最下面的一条曲线，固液界面的所有位置处均近似处于局域扩散平衡，$k(V,\theta)$ 近似等于 k_{e} 且几乎不随角度 θ 变化。随着凝固速度 V 的增加，液相中的溶质扩散逐渐远离局域平衡，溶质再分配系数也逐渐偏离平衡值 k_{e} (除 $\theta=0.5\pi$ 处)。当速度 $V=V_{\mathrm{D}}$ 时，枝晶尖端 ($\theta=0$) 首先发生了完全的溶质截留，此时，$k=1$。在 $\theta>0$ 处，界面法向速度 $V_{\mathrm{n}}<V_{\mathrm{D}}$，因此这些位置尚未实现完全的

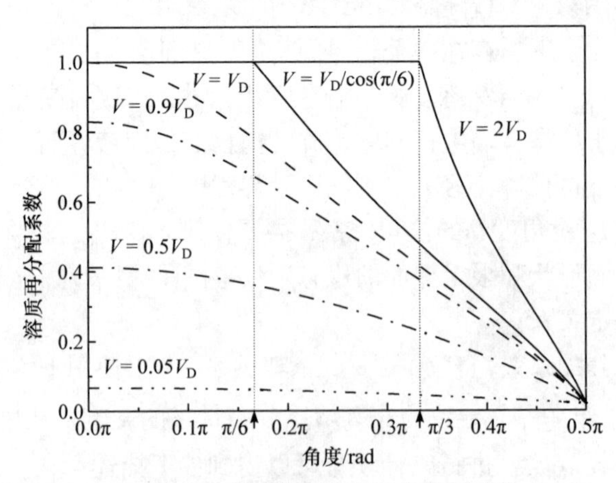

图 2-2　溶质再分配系数随角度的变化

溶质截留。在这种情况下相比于凝固速度V，角度θ对溶质再分配系数k的影响更加明显。随着凝固速度的进一步增加，界面处的其他部分也逐渐实现了完全的溶质截留$(k=1)$。当凝固速度$V=V_D/\cos\theta_{max}$时，由θ_{max}限定的所有界面部分都实现了完全的溶质截留。综上所述，稳态枝晶生长情况下，偏析凝固到完全无偏析凝固的转变与平界面凝固情况下的急剧转变不同，而是发生在一定的速度范围，$V_D<V<V_D/\cos\theta_{max}$。

图 2-3 给出了溶质再分配系数$k(V,\theta)$及平均溶质再分配系数$\bar{k}(V)$随无量纲凝固速度V/V_D的变化关系，以$\theta_{max}=\pi/6$和$\theta_{max}=\pi/3$两种情况为例。对于$\theta_{max}=\pi/3$，尖端无偏析到根部无偏析凝固的过渡区域大于$\theta_{max}=\pi/6$情况下的过渡区域；对于$\theta_{max}=\pi/6$，过渡区域$V_D<V<1.15V_D$相对较小。在$\theta_{max}=\pi/3$情况下，过渡区域增大为$V_D<V<2V_D$。因此，考虑到非平界面情况，枝晶生长过程中，偏析凝固到无偏析凝固的转变不再急剧，而是平缓的，并且可能发生在较大的速度范围内。本书在非平界面快速凝固建模中充分考虑了这一效应。图 2-3 中给出了平均溶质再分配系数$\bar{k}(V)$的变化情况。在过渡区域$V_D<V<V_D/\cos\theta_{max}$，$\bar{k}(V)<1$。这表明偏析凝固到无偏析凝固的转变仅仅发生在枝晶界面的部分区域。当$V=V_D/\cos\theta_{max}$时，实现了完全的溶质截留[$\bar{k}(V)=1$]。与预期一致，给定凝固速度V，平均溶质再分配系数$\bar{k}(V)$位于枝晶尖端的$k(V,0)$与枝晶根部的$k(V,\theta_{max})$之间。

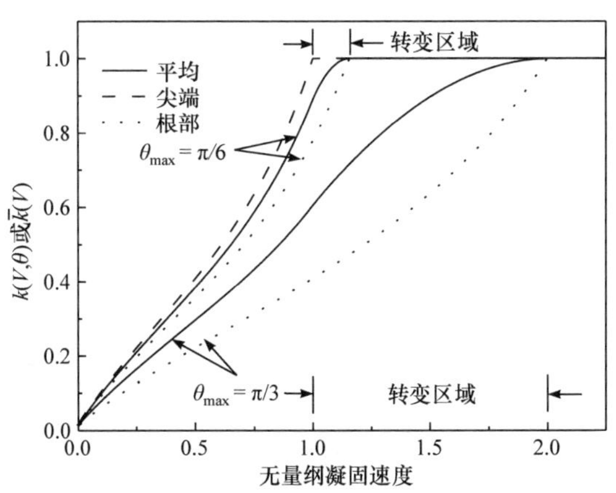

图 2-3　$k(V,\theta)$或$\bar{k}(V)$随无量纲凝固速度的变化

2.2　引入界面非等溶质影响的枝晶凝固建模

非平界面导致溶质再分配系数的界面法向依赖性，进而产生了非等溶质固液

界面。本节将从界面处平均溶质再分配系数 $\bar{k}(V)$ 和平均溶质浓度的角度近似推导并计算界面迁移驱动力及尖端曲率半径，进而独立分析界面非等溶质对自由枝晶凝固行为的影响。绪论中，在给定液相溶质浓度 C_{L}^{*} 和固相溶质浓度 C_{S}^{*} 的情况下，现有模型已经给出了界面迁移驱动力即有效驱动自由能 ΔG_{eff} 的描述。然而，该描述仅限于枝晶尖端并假设界面是等溶质的。考虑到溶质再分配系数 $k(V,\theta)$ 随 θ 的变化，界面处的溶质浓度将不再是常数。因此，为了描述非平界面情况下的 ΔG_{eff}，本节采取平均值近似的方法简化模型计算。基于 Galenko[46]延伸的不可逆过程热力学，非等溶质界面的有效驱动自由能 ΔG_{eff} 可以被近似描述为

$$\Delta G_{\mathrm{eff}}=\left(1-\overline{C_{\mathrm{L}}^{*}}\right)\Delta\mu_{1}+\overline{C_{\mathrm{L}}^{*}}\Delta\mu_{2}+\frac{\left(\overline{C_{\mathrm{L}}^{*}}-\overline{C_{\mathrm{S}}^{*}}\right)\left(1-\bar{k}\right)R_{\mathrm{g}}T_{\mathrm{I}}V}{V_{\mathrm{D}}},\quad V\cos\theta_{\max}<V_{\mathrm{D}} \tag{2-5}$$

$$\Delta G_{\mathrm{eff}}=\left(1-\overline{C_{\mathrm{S}}^{*}}\right)\Delta\mu_{1}+\overline{C_{\mathrm{S}}^{*}}\Delta\mu_{2},\quad V\cos\theta_{\max}\geqslant V_{\mathrm{D}} \tag{2-6}$$

式中，$\overline{C_{\mathrm{L}}^{*}}$ 和 $\overline{C_{\mathrm{S}}^{*}}$ 分别为界面处的平均液相溶质浓度和平均固相溶质浓度(摩尔分数)；$\Delta\mu_{1}$ 和 $\Delta\mu_{2}$ 分别为溶剂和溶质在凝固过程中的化学势变化($\mathrm{J/mol}$)；R_{g} 为理想气体常数[$\mathrm{J/(mol\cdot K)}$]；T_{I} 为界面温度(K)。本节针对非等溶质界面建模，T_{I} 被假设为常数，即等温界面假设，该假设将在下一章中被进一步去除。对于足够稀释的合金，Henry 定律是适用的。因此，基于 Baker-Cahn 方程[63]，$\Delta\mu_{1}$ 和 $\Delta\mu_{2}$ 可以被近似表示为

$$\Delta\mu_{1}=R_{\mathrm{g}}T_{\mathrm{I}}\ln\frac{\left(1-\overline{C_{\mathrm{S}}^{*}}\right)\left(1-C_{\mathrm{L}}^{\mathrm{eq}}\right)}{\left(1-C_{\mathrm{L}}^{*}\right)\left(1-C_{\mathrm{S}}^{\mathrm{eq}}\right)}=R_{\mathrm{g}}T_{\mathrm{I}}\left(\overline{C_{\mathrm{L}}^{*}}-\overline{C_{\mathrm{S}}^{*}}+C_{\mathrm{S}}^{\mathrm{eq}}-C_{\mathrm{L}}^{\mathrm{eq}}\right) \tag{2-7}$$

$$\Delta\mu_{2}=R_{\mathrm{g}}T_{\mathrm{I}}\ln\frac{\bar{k}}{k_{\mathrm{e}}} \tag{2-8}$$

式中，$C_{\mathrm{L}}^{\mathrm{eq}}$ 和 $C_{\mathrm{S}}^{\mathrm{eq}}$ 分别为界面处的平衡液相溶质浓度和平衡固相溶质浓度(摩尔分数)。这里考虑了曲率修正，曲率过冷度 ΔT_{r} (K)由 $2\mathit{\Gamma}/r$ 给出，$\mathit{\Gamma}$ 为毛细管常数($\mathrm{K\cdot m}$)。

对于足够稀释的合金，线性固相线和液相线近似是合理的。基于 Turnbull[65-66]的碰撞限制生长规则 $\Delta G_{\mathrm{eff}}/R_{\mathrm{g}}T_{\mathrm{I}}+V/V_{0}=0$，可以进一步得到界面响应函数如下：

$$T_{\mathrm{I}}=T_{\mathrm{m}}+m(V)\overline{C_{\mathrm{L}}^{*}}-V/\mu_{0}-2\mathit{\Gamma}/r \tag{2-9}$$

式中，T_{m} 为溶剂的平衡熔化温度(K)；μ_{0} 为动力学系数[$\mathrm{m/(s\cdot K)}$]；V_{0} 为最大结晶速率($\mathrm{m/s}$)，由 $V_{0}\left(k_{\mathrm{e}}-1\right)/m_{\mathrm{L}}$ 确定，m_{L} 为平衡液相线斜率($\mathrm{K/\%}$)；$m(V)$ 为

动力学液相线斜率(K / %)，由式(2-10)给出：

$$m(V)=\frac{m_{\mathrm{L}}}{1-k_{\mathrm{e}}}\left[1-\bar{k}+\ln\frac{\bar{k}}{k_{\mathrm{e}}}+\left(1-\bar{k}\right)^{2}\frac{V}{V_{\mathrm{D}}}\right],\quad V\cos\theta_{\max}<V_{\mathrm{D}} \tag{2-10}$$

$$\overline{C_{\mathrm{L}}^{*}}=\frac{C_{0}}{1-\left[1-k(V)\right]\mathrm{Iv}\left(Pe_{\mathrm{c}}\right)},\quad V\cos\theta_{\max}\geqslant V_{\mathrm{D}} \tag{2-11}$$

基于 Ivantsov 理论[109]，界面处平均液相溶质浓度$\overline{C_{\mathrm{L}}^{*}}$可以被近似描述为

$$\overline{C_{\mathrm{L}}^{*}}=\frac{C_{0}}{1-\left[1-\bar{k}(V)\right]\mathrm{Iv}\left(Pe_{\mathrm{c}}\right)},\quad V\cos\theta_{\max}<V_{\mathrm{D}} \tag{2-12}$$

$$\overline{C_{\mathrm{L}}^{*}}=C_{0},\quad V\cos\theta_{\max}\geqslant V_{\mathrm{D}} \tag{2-13}$$

式中，C_0为合金初始浓度(摩尔分数)；$Pe_{\mathrm{c}}=rV/(2D_{\mathrm{L}})$为溶质佩克莱数(无量纲)，$D_{\mathrm{L}}$为液相中溶质扩散系数(m^2/s)；Iv 为 Ivantsov 函数。此外，基于 Ivantsov 理论，界面温度T_{I}在等温界面假设下由式(2-14)给出：

$$T_{\mathrm{I}}=\frac{\Delta H_{\mathrm{f}}}{C_{\mathrm{p}}}\mathrm{Iv}\left(Pe_{\mathrm{t}}\right)+T_{\infty} \tag{2-14}$$

式中，ΔH_{f}为熔化潜热(J / mol)；C_{p}为液态合金的比热容[J / (mol·K)]；$Pe_{\mathrm{t}}=rV/(2\alpha_{\mathrm{L}})$为热佩克莱数(无量纲)，$\alpha_{\mathrm{L}}$为液体的热扩散系数(m^2/s)；T_{∞}为远离枝晶界面的熔体温度(K)。联合上述方程，可以将总过冷度ΔT描述为

$$\Delta T=\left[m_{\mathrm{L}}C_{0}-m(V)\overline{C_{\mathrm{L}}^{*}}\right]+\frac{V}{\mu_{0}}+\frac{2\Gamma}{r}+\frac{\Delta H_{\mathrm{f}}}{C_{\mathrm{p}}}\mathrm{Iv}\left(Pe_{\mathrm{t}}\right) \tag{2-15}$$

基于 MarST[80-86]，对界面响应函数[式(2-9)]进行标准界面形貌稳定性分析，可以获得尖端曲率半径r的描述：

$$r=\frac{\Gamma/\sigma^{*}}{\frac{Pe_{\mathrm{t}}\Delta H_{\mathrm{f}}}{C_{\mathrm{p}}}\xi_{\mathrm{t}}+\frac{2m(V)\left[\bar{k}(V)-1\right]\overline{C_{\mathrm{L}}^{*}}Pe_{\mathrm{c}}}{1-\left(V\cos\theta_{\max}\right)^{2}/V_{\mathrm{D}}^{2}}\xi_{\mathrm{c}}},\quad V\cos\theta_{\max}<V_{\mathrm{D}} \tag{2-16}$$

$$r=\frac{\Gamma/\sigma^{*}}{\frac{Pe_{\mathrm{t}}\Delta H_{\mathrm{f}}}{C_{\mathrm{p}}}\xi_{\mathrm{t}}},\quad V\cos\theta_{\max}\geqslant V_{\mathrm{D}} \tag{2-17}$$

式中，σ^{*}为稳定性常数(无量纲)，$\sigma^{*}\approx 1/(4\pi^{2})$。参数$\xi_{\mathrm{t}}$和$\xi_{\mathrm{c}}$(无量纲)定义为

$$\xi_{\mathrm{t}}=1-\frac{1}{\sqrt{1+\left(\sigma^{*}Pe_{\mathrm{t}}^{2}\right)^{-1}}} \tag{2-18}$$

$$\xi_c = 1 - \frac{2\bar{k}}{\sqrt{1 + \dfrac{1 - \dfrac{(V\cos\theta_{\max})^2}{V_D^2}}{\sigma^* Pe_c^2} + 2\bar{k} - 1}}, \quad V\cos\theta_{\max} < V_D \tag{2-19}$$

$$\xi_c = 0, \quad V\cos\theta_{\max} \geqslant V_D \tag{2-20}$$

综上，在同时考虑了溶质偏析的界面法向速度依赖性与局域非平衡溶质扩散的情况下，建立了一个扩展的近似考虑了非等溶质界面的自由枝晶生长模型。由该模型可以唯一确定凝固速度V、枝晶尖端曲率半径 r、界面处溶质再分配系数$k(V,\theta)$、液相溶质浓度$C_L^*(\theta)$及平均溶质再分配系数$\bar{k}(V)$等物理量。

2.3 模 型 应 用

由 2.2 节可知，考虑到溶质再分配系数的界面法向速度依赖性，当前模型能够描述固液界面的非等溶质性质。本节将当前模型与假设了等溶质界面的 GD 模型[104-105]进行比较分析。应用于 Ni-0.7%B 合金，采用的热力学与动力学参数见表 2-1。计算结果示于图 2-4～图 2-6 中，包括凝固速度V、尖端曲率半径r及溶质再分配系数k与总过冷度ΔT的关系。

表 2-1 Ni-0.7%B 合金热力学与动力学参数[104,126]

参数	符号	数值	单位
B 的摩尔分数	C_0	0.7%	—
纯 Ni 平衡熔化温度	T_m	1726	K
熔化潜热	ΔH_f	1.72×10^4	J / mol
液态合金比热容	C_p	36.39	J / (mol·K)
毛细管常数	Γ	3.42×10^{-7}	K·m
溶质扩散系数	D_L	5.5×10^{-9}	m^2/s
热扩散系数	α_L	8.5×10^{-6}	m^2/s
界面溶质扩散速度	V_{DI}	16.2	m / s
液相溶质扩散速度	V_D	18.9	m / s
平衡液相线斜率	m_L	−14.3	K / %

续表

参数	符号	数值	单位
平衡溶质再分配系数	k_e	0.0155	—
动力学系数	μ_0	0.25	$m/(s\cdot K)$

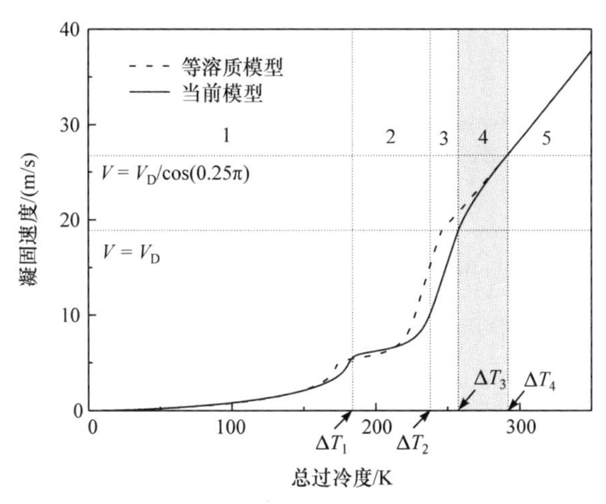

图 2-4　凝固速度 V 与总过冷度 ΔT 的关系

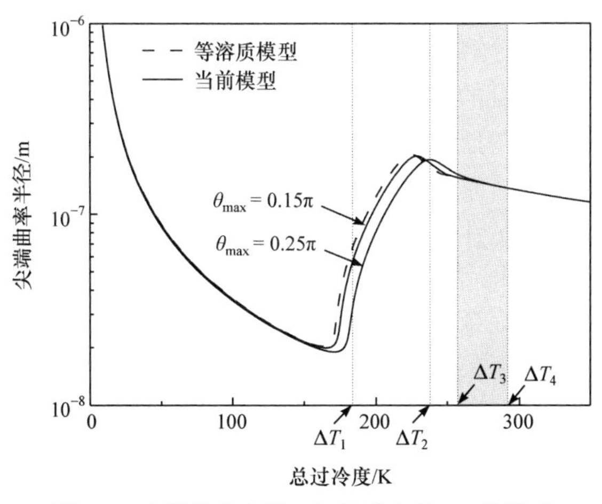

图 2-5　尖端曲率半径 r 与总过冷度 ΔT 的关系

图 2-4～图 2-6 中对于当前模型定义了四个过冷度，ΔT_1、ΔT_2、ΔT_3 和 ΔT_4，将总过冷度 ΔT 分成了五个区域。ΔT_1 是临界过冷度，该取值下凝固速度 V 与绝对溶质稳定性的临界速度相吻合。当 $\Delta T < \Delta T_1$ 时，枝晶生长主要受溶质扩散控制；当 $\Delta T = \Delta T_1$ 时，从溶质扩散到热扩散的转变开始发生。过冷度区域 2 是过渡区域，

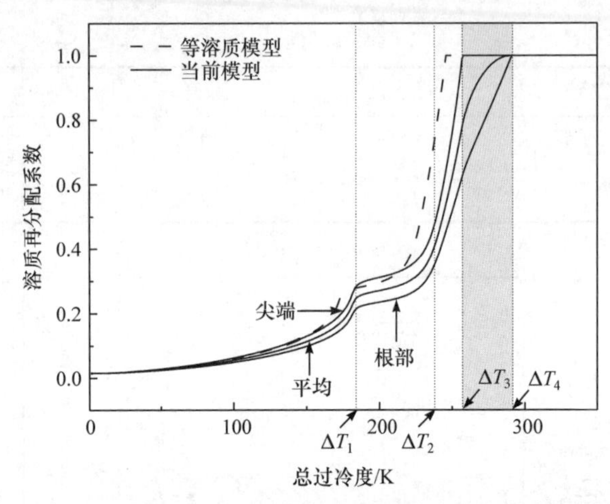

图 2-6 溶质再分配系数 k 与总过冷度 ΔT 的关系

并且当 $\Delta T = \Delta T_2$ 时转变完成。ΔT_2 由临界过冷度定义，在这一过冷度下尖端曲率半径 r 达到了极值。当 $\Delta T > \Delta T_2$ 后，尖端曲率半径 r 随总过冷度 ΔT 单调下降。当总过冷度达到 ΔT_3 时，凝固速度 V 等于液体中的溶质扩散速度 V_D。ΔT_4 相应于一个在枝晶根部 $(\theta = \theta_{max})$ 法向速度 $V_n = V_D$ 时的过冷度。此时，凝固速度 $V = V_D / \cos\theta_{max}$。该计算结果以 $\theta_{max} = 0.25\pi$ 为例。

当凝固速度 V 接近或超过 V_D 时，液体中的溶质扩散是局域非平衡的。考虑到扩散的这一非平衡性，等溶质模型预测在 $V \geqslant V_D$ 时发生完全的溶质截留，并且在 $V = V_D$ 时这一转变是急剧的。这表明枝晶凝固从以热扩散控制为主到纯热扩散控制的转变是急剧的。这些预测基于枝晶界面是等溶质的这一假设。然而，很显然在实际中稳态凝固界面法向速度 V_n 沿着固液界面并不是常数，并且法向速度是固液界面溶质再分配的决定性因素。因此，固液界面将是非等溶质的。当前模型正是提供了一种方法来处理界面法向速度变化所带来的影响。如图 2-4 所示，当 $V = V_D$，$\Delta T = \Delta T_3$ 时，完全的溶质截留发生在枝晶尖端。这是由于在枝晶界面的其他部分，$V_n < V_D$。随着总过冷度 ΔT 的增加，凝固速度 V 进一步增加，同时 $k = 1$ 发生在界面的更多部分。当 $V = V_D / \cos\theta_{max}$，$\Delta T = \Delta T_4$ 时，枝晶的根部也实现了完全的溶质截留，从而枝晶的整个部分$(0 \leqslant \theta \leqslant \theta_{max})$都实现了完全的溶质截留。因此，考虑了溶质分配的界面法向速度依赖性，偏析凝固到无偏析凝固的转变不再是突变的，而是发生在一定的过冷度范围。这一范围在图 2-4～图 2-6 中标记为过冷度区域 4。当 $\Delta T \geqslant \Delta T_4$ 时，纯热扩散控制发生。在这种情况下，凝固行为与纯金属的凝固行为一致。

溶质分配的界面法向速度依赖性的另一个影响体现在从溶质扩散到热扩散的过渡区域，即过冷度区域 2。如图 2-4～图 2-6 所示，溶质分配的界面法向速度依赖性使该过渡区域向高过冷度区域偏移，即溶质扩散控制生长区域被扩展了，这是由于当前模型采用了平均溶质再分配系数来近似表示界面非等溶质的影响。沿着界面，从枝晶尖端到根部，由于法向速度的逐渐降低，溶质再分配系数 $k(V,\theta)$ 越来越小。因此，平均溶质再分配系数的值小于其尖端(见图 2-6)，这表明平均溶质偏析的程度大于枝晶的尖端。因此，在非等溶质界面情况下，溶质扩散控制的区域(区域 1)被扩展了。此外，随着由 $\theta_{\max}$ 标记的稳态生长界面区域的增大，溶质扩散控制的区域进一步增大，溶质再分配系数的界面法向速度依赖性带来的界面非等溶质的影响也越显著。

2.4　本 章 小 结

本章针对非平界面，考虑了溶质偏析的界面法向速度依赖性，在 Sobolev 模型[22]的基础上建立了适用于非平界面的溶质偏析模型。模型的计算结果表明：界面处的不同位置溶质分配是不同的，并且随着角度的增加，界面法向速度降低，溶质再分配系数也随之变小；随着凝固速度的增加，枝晶的尖端首先达到无偏析凝固；随着凝固速度的进一步增加，界面处从枝晶尖端开始无偏析凝固的范围也逐渐扩大，直到整个稳态界面全部实现无偏析凝固。因此，考虑了溶质分配的界面法向速度依赖性，偏析凝固向无偏析凝固的转变不再是以前模型所描述的突变，而是渐变的。这正是本模型考虑了非平界面效应后与之前模型最主要的不同点。

在同时考虑了溶质偏析的界面法向速度依赖性与局域非平衡溶质扩散的情况下，建立了一个扩展的适用于非等溶质界面的自由枝晶生长模型。该模型通过计算非等溶质界面的平均溶质浓度进行近似建模，并讨论了非等溶质界面的影响。与假设等溶质界面的枝晶凝固模型相比，从溶质枝晶到热枝晶的转变发生在更高的过冷度范围内，即溶质控制生长发生在更大的过冷度区域；在高过冷度区域，从热控制生长模式到纯热控制生长模式的转变不像等溶质模型所预测的那样急剧，而是发生在一定的过冷度范围内。这正是溶质偏析的界面法向速度依赖性与局域非平衡溶质扩散两个因素共同作用的结果。该模型的建立为本书非等温、非等溶质界面系列枝晶凝固建模奠定了基础。

第 3 章　界面非等温和非等溶质耦合影响下的枝晶凝固模型

近几十年来，过冷熔体中的自由枝晶生长作为凝固理论研究的一个重要课题，引起了人们越来越多的关注。Ivantsov 于 1947 年首次尝试了对枝晶生长进行理论建模，在旋转抛物面的等温、等溶质固液界面假设的条件下，分别求得了经典热传导和溶质扩散方程的解析解。Ivantsov 模型为接下来的枝晶凝固过程建模研究奠定了基础。基于该模型，众多的枝晶凝固模型不断被提出。然而，Ivantsov 系列模型有其局限性，即等温、等溶质固液界面假设。枝晶组织是典型的凝固微结构，枝晶界面是典型的非平界面。在弯曲界面稳态凝固过程中，由于沿着固液界面法向速度的不同，溶质偏析程度是变化的，这使固液界面是非等溶质的。不仅如此，由于沿着固液界面局域曲率也是变化的，根据吉布斯-汤姆逊效应，界面也应该是非等温的。此外，依赖界面法向速度的界面动力学生长的各向异性也将产生非等温的固液界面。第 2 章针对非平界面下溶质偏析的界面法向速度依赖性产生的界面非等溶质特性，建立了适用于非平界面的溶质偏析模型及扩展的适用于非等溶质界面的自由枝晶生长模型。作为非等温、非等溶质界面系列枝晶凝固建模，本章首先聚焦界面局域曲率分布及动力学生长各向异性产生的界面非等温特性，进行纯金属的非等温界面枝晶凝固建模。由于研究对象是纯金属，凝固过程中不存在溶质扩散现象及界面处的溶质偏析，将更有利于非等温界面的建模和分析其对枝晶凝固行为影响的本质[127]。在此基础上，本章针对过冷单相二元固溶体合金，引入非等温、非等溶质界面特性真正耦合影响进行枝晶凝固建模，并分析讨论[114,127]。

3.1　基于界面非等温特性的纯金属枝晶凝固建模及分析

考虑过冷纯金属中的针状枝晶凝固，其尖端形状以旋转抛物面来描述，并且在轴向以恒定速度生长(稳态凝固)[2]。数学上，将液相温度场定义如式(3-1)可以使问题的求解更加简便：

$$U_{\mathrm{L}}(\alpha,\beta)=T_{\mathrm{L}}(\alpha,\beta)-T_{\mathrm{L}}'(\alpha) \tag{3-1}$$

式中，α 和 β 为正交抛物线坐标，用 $\alpha=1$ 定义抛物线型固液界面；$T_{\mathrm{L}}(\alpha,\beta)$ 为液

体中的实际温度场(K)；$T_L'(\alpha)$为等温旋转抛物面(Ivantsov 条件)假设下求得的温度场(K)。$T_L'(\alpha)$如式(3-2)定义：

$$T_L'(\alpha)=\frac{\Delta H_f}{C_p}Pe_t e^{Pe_t}E_1\left(Pe_t\alpha^2\right)+T_\infty \tag{3-2}$$

式(3-2)中，ΔH_f为熔化潜热(J/mol)；C_p为液态合金比热容[J/(mol·K)]；E_1为指数积分函数；T_∞为远离界面的过冷熔体温度(K)；Pe_t为由$Pe_t=rV/(2\alpha_L)$定义的热佩克莱数(无量纲)，r为枝晶尖端($\alpha=1$，$\beta=0$)的曲率半径(m)，α_L为液体中的热扩散系数(m^2/s)。在界面处，$T_L'(\alpha=1)$简化为$\left(\Delta H_f/C_p\right)\mathrm{Iv}\left(Pe_t\right)+T_\infty$，其中$\mathrm{Iv}\left(Pe_t\right)$为 Ivantsov 函数。

根据 Kotler 和 Tarshis 等[112]的研究，抛物线坐标系下的稳态热扩散方程由式(3-3)给出：

$$\frac{\partial^2 U_L}{\partial\alpha^2}+\left(\frac{1}{\alpha}+2Pe_t\alpha\right)\frac{\partial U_L}{\partial\alpha}+\frac{\partial^2 U_L}{\partial\beta^2}+\frac{1}{\beta}\frac{\partial U_L}{\partial\beta}=0 \tag{3-3}$$

在$1/\beta\gg 2Pe_t\beta$近似下，式(3-3)的等号左边省略了一项$-2Pe_t\beta\partial U_L/\partial\beta$。这是因为枝晶尖端($\beta=0$)的凝固行为只受其附近区域的影响[112]。

考虑到曲率半径和法向速度沿界面的变化，界面温度场($\alpha=1$)定义如下：

$$T_L(1,\beta)=T_m-\frac{\Gamma}{r}\frac{2+\beta^2}{\left(1+\beta^2\right)^{3/2}}-\frac{V}{\mu_0}\frac{1}{\left(1+\beta^2\right)^{1/2}} \tag{3-4}$$

式中，T_m为纯金属平衡熔化温度(K)；Γ为毛细管常数(K·m)；μ_0为界面动力学系数[m/(s·K)]。式(3-4)为基于界面动力学的界面响应函数，在求解热扩散方程时可以作为界面处的边界条件。

采用分离变量法，将式(3-3)分为贝塞尔方程和合流超几何方程。再将这两个方程与式(3-4)的边界条件相结合，可以得到温度场$U_L(\alpha,\beta)$的完整描述，进而得到温度场$T_L(\alpha,\beta)$。另外，在忽略固相温度梯度的情况下，基于抛物线坐标系，热扩散平衡方程可以改写为

$$V\Delta H_f=-\frac{K_L}{r}\left.\frac{\partial T_L(\alpha,\beta)}{\partial\alpha}\right|_{\alpha=1} \tag{3-5}$$

式中，K_L为液相的热导率[J/(m·s·K)]。

利用所求得的温度场$T_L(\alpha,\beta)$，结合热扩散平衡方程[式(3-5)]，在枝晶尖端点(令$\beta=0$)，可以得到界面响应函数的最终结果如下：

$$\left[\Delta T-\frac{\Delta H_{\mathrm{f}}}{C_{\mathrm{p}}}\mathrm{Iv}\left(Pe_{\mathrm{t}}\right)\right]N_3\left(Pe_{\mathrm{t}}\right)=\frac{\Gamma}{r}N_2\left(Pe_{\mathrm{t}}\right)+\frac{V}{\mu_0}N_1\left(Pe_{\mathrm{t}}\right) \tag{3-6}$$

式中，ΔT 是由 $T_{\mathrm{m}}-T_{\infty}$ 定义的总过冷度(K)；$N_1\left(Pe_{\mathrm{t}}\right)$、$N_2\left(Pe_{\mathrm{t}}\right)$ 和 $N_3\left(Pe_{\mathrm{t}}\right)$ 定义为

$$N_1\left(Pe_{\mathrm{t}}\right)=2Pe_{\mathrm{t}}\int_0^{\infty}\mathrm{e}^{-\lambda}\frac{\phi\left(1+\dfrac{\lambda^2}{4Pe_{\mathrm{t}}};2;Pe_{\mathrm{t}}\right)}{\phi\left(1+\dfrac{\lambda^2}{4Pe_{\mathrm{t}}};1;Pe_{\mathrm{t}}\right)}\mathrm{d}\lambda \tag{3-7a}$$

$$N_2\left(Pe_{\mathrm{t}}\right)=2Pe_{\mathrm{t}}\int_0^{\infty}\mathrm{e}^{-\lambda}(1+\lambda)\frac{\phi\left(1+\dfrac{\lambda^2}{4Pe_{\mathrm{t}}};2;Pe_{\mathrm{t}}\right)}{\phi\left(1+\dfrac{\lambda^2}{4Pe_{\mathrm{t}}};1;Pe_{\mathrm{t}}\right)}\mathrm{d}\lambda \tag{3-7b}$$

$$N_3\left(Pe_{\mathrm{t}}\right)=2Pe_{\mathrm{t}}\frac{\phi\left(1;2;Pe_{\mathrm{t}}\right)}{\phi\left(1;1;Pe_{\mathrm{t}}\right)} \tag{3-7c}$$

式中，$\phi(a;b;z)$ 是第二类合流超几何函数。

式(3-6)给出了一个 r 与 V 之间的关系式。为了唯一地确定这两个量，数学上需要另一个方程，物理上需要考虑界面的形貌稳定性。如前所述，早期的非等温模型中采用了最大速度原理假设，但该假设将导致 r 和 ΔT 之间的关系出现明显异常。本章引入 MarST，给出 r 的定义为

$$r=\frac{\Gamma}{\sigma^*}\frac{C_{\mathrm{p}}}{\Delta H_{\mathrm{f}}Pe_{\mathrm{t}}\xi_{\mathrm{t}}} \tag{3-8}$$

式中，σ^* 为稳定性常数(无量纲)，$\sigma^*\approx 1/(4\pi^2)$；参数 ξ_{t} 由式(3-9)给出：

$$\xi_{\mathrm{t}}=1-\frac{1}{\sqrt{1+\left(\sigma^* Pe_{\mathrm{t}}^2\right)^{-1}}} \tag{3-9}$$

至此，已经建立了完整的纯金属非等温界面自由枝晶生长模型。它包含三个独立的部分，即界面响应函数[式(3-4)]、液相传热结果[式(3-6)]和形貌稳定性分析结果[式(3-8)]。通过数值求解这些方程组，可以确定给定总过冷度情况下固液界面的凝固速度、曲率半径和温度。与当前模型相对应的等温界面枝晶模型由式(3-2)(令 $\alpha=1$)、式(3-4)(令 $\beta=0$)及式(3-8)定义。对于纯金属，该等温界面枝晶模型也可以看作是 LGK 模型[115]或 BCT 模型[68]在纯金属情况下的简化模型。

凝固速度 V 与无量纲总过冷度 $\Delta\Theta$ 关系的模型预测结果与白磷的实验数据如图 3-1 所示。无量纲总过冷度定义为 $\Delta\Theta = \Delta T C_{\mathrm{p}} / \Delta H_{\mathrm{f}}$。模型计算所使用的相关参数取值为 $T_{\mathrm{m}} = 317.1\mathrm{K}$，$\Delta H_{\mathrm{f}} / C_{\mathrm{p}} = 25.6\mathrm{K}$，$K_{\mathrm{L}} = 0.1883\mathrm{J}/(\mathrm{m}\cdot\mathrm{s}\cdot\mathrm{K})$，$\alpha_{\mathrm{L}} = 1.302\times 10^{-7}\mathrm{m}^2/\mathrm{s}$，$\Gamma = 4.277\times10^{-9}\mathrm{K}\cdot\mathrm{m}$ 和 $\mu_0 = 0.17\mathrm{m}/(\mathrm{s}\cdot\mathrm{K})$[127]。其中，毛细管常数 Γ 和动力学系数 μ_0 作为拟合参数对待。结果表明，当 $\Delta\Theta \leqslant 1.4$ 时，本章模型预测的结果与实验数据吻合较好。高过冷度时，与实验数据的偏差可以解释为两方面[112]。一是在高过冷度下，固液界面由枝晶结构转变为扇形结构(scalloped structure)，即旋转抛物面的形貌稳定性无法保持，这已经超出当前模型的适用范围。二是参数 Γ 、α_{L} 、C_{p} 和 K_{L} 可能随温度而明显变化，从而导致偏差。

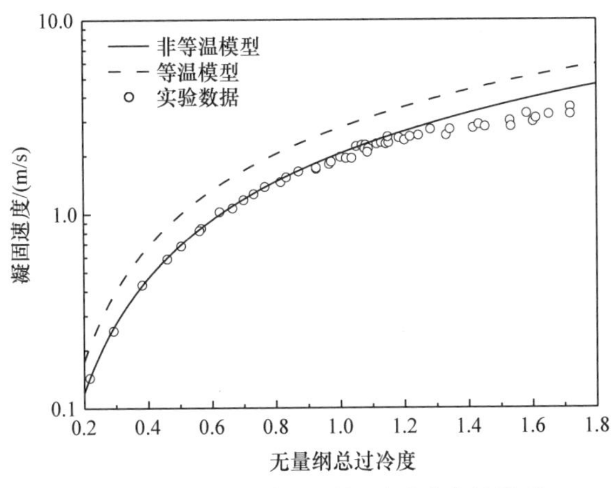

图 3-1　凝固速度与无量纲总过冷度的关系

为表述方便，将本章建立的非等温界面枝晶凝固模型和作为对比的等温界面假设枝晶凝固模型分别简称为非等温模型和等温模型。数值计算结果如图 3-1～图 3-4 所示，分别为凝固速度、界面温度、分过冷度比值和尖端曲率半径与无量纲总过冷度的关系。为了确定非等温固液界面的影响，两个模型的所有参数值均相同。图 3-2 表明，用当前非等温模型预测的尖端温度明显高于用等温模型预测的尖端温度。与等温界面假设相比，非等温界面条件下沿着固液界面存在一个附加的温度梯度，该温度梯度源于界面曲率和法向速度沿界面的变化。根据吉布斯-汤姆逊效应和动力学效应[式(3-4)]，界面温度 $T_{\mathrm{L}}(1,\beta)$ 沿界面从尖端向根部逐渐升高，见图 3-2 中的小图。从自由生长的枝晶根部向尖端的负温度梯度会导致沿固液界面的热扩散。因此，在非等温界面处会有更高的尖端温度。此外，随着总过冷度的增加，温差增大。

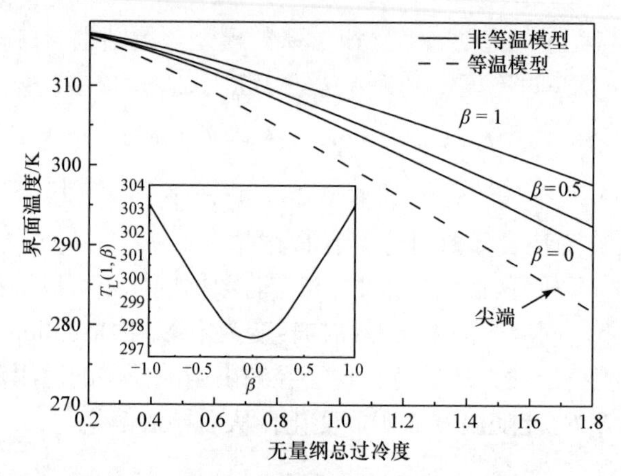

图 3-2　界面温度与无量纲总过冷度的关系

对于非等温界面枝晶凝固模型(非等温模型)，分析了枝晶尖端($\beta=0$)、$\beta=0.5$ 及 $\beta=1$ 处的界面温度。受模型所限，等温界面假设枝晶凝固模型(等温模型)仅分析枝晶尖端温度。小图为 $\Delta\Theta=1.4$ 时沿固液界面的温度分布 $T_L(1,\beta)$

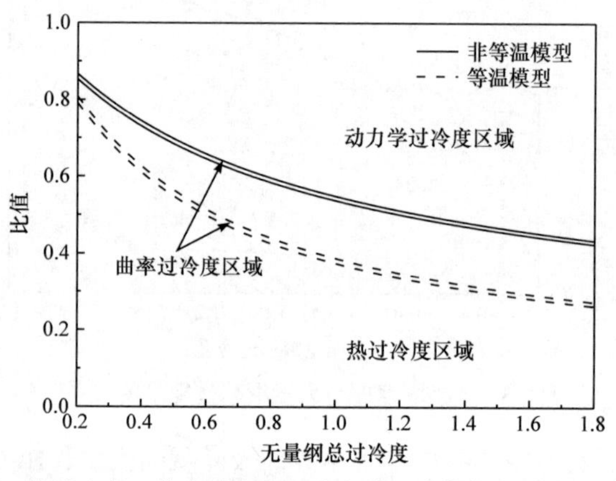

图 3-3　热过冷度、曲率过冷度和动力学过冷度与总过冷度的比值

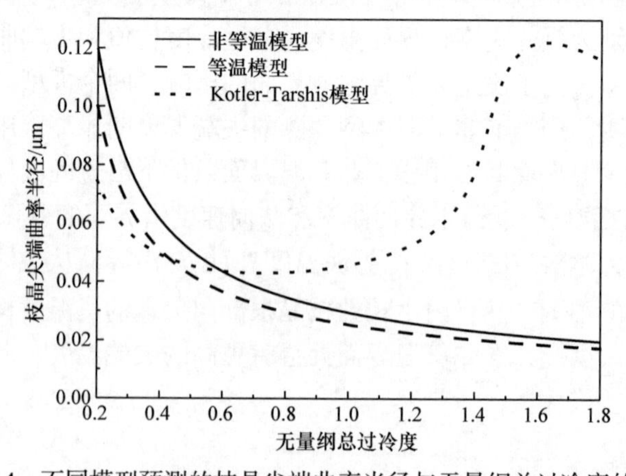

图 3-4　不同模型预测的枝晶尖端曲率半径与无量纲总过冷度的关系

图 3-2 展示了不同无量纲总过冷度情况下，非等温界面 $\beta=0.5$ 和 $\beta=1$ 处的界面温度 $T_{\mathrm{L}}(1,\beta)$。为方便表述，定义 ΔT_{i} 为 $\beta=1$ 处和尖端处温度的差值，即 $\Delta T_{\mathrm{i}}=T_{\mathrm{L}}(1,1)-T_{\mathrm{L}}(1,0)$。如图 3-2 中小图所示，在选定的无量纲总过冷度($\Delta\Theta=1.4$)下，ΔT_{i} 约为 6K。同时，由图 3-3 可以间接计算出相应的热过冷度 ΔT_{t} 约为 16K，与总过冷度的比值约为 0.45($\Delta T_{\mathrm{t}}/\Delta T\approx 0.45$)，进而得出 $\Delta T_{\mathrm{i}}/\Delta T_{\mathrm{t}}$ 接近 0.38。因此，与液相中的热扩散相比，沿着界面处的热扩散不可忽略。再次证明了由于界面曲率和界面动力学的影响，非等温固液界面的影响在枝晶凝固建模中不可忽略。

图 3-3 显示了非等温模型和等温模型在不同无量纲总过冷度下的分过冷度比值，包括热过冷度 $\Delta T_{\mathrm{t}}/\Delta T$、曲率过冷度 $\Delta T_{\mathrm{r}}/\Delta T$ 和动力学过冷度 $\Delta T_{\mathrm{k}}/\Delta T$，三部分过冷度比值之和为 1。结果表明，非等温模型预测的热过冷度明显比等温模型预测的热过冷度高。这将进一步导致过冷熔体中自由生长枝晶凝固行为上的明显差异，例如图 3-1 和图 3-4 分别展示的凝固速度 V 和尖端曲率半径 r 与无量纲总过冷度的关系。鉴于上述显著差异，在枝晶建模时应考虑由界面曲率和界面动力学分布引起的界面非等温性质。

图 3-4 显示了非等温模型和等温模型与 Kotler-Tarshis 模型[15]预测的枝晶尖端曲率半径。Kotler-Tarshis 模型的预测结果有明显的异常，这是由于在他们的模型中使用了最大速度原理的假设，而当前的非等温模型采用了 MarST。Mullins 和 Sekerka 提出第一个版本的 MarST 模型以来，由于其相对简单，以及能够描述吉布斯-汤姆逊效应的稳定作用和热扩散(负温度梯度)的不稳定作用，该模型获得了广泛的应用。此外，MarST 还被成功地引入到众多的等温界面假设的自由枝晶生长模型中。如图 3-4 所示，由于在过冷纯熔体中只有热扩散，尖端曲率半径将随着总过冷度的增大而不断减小。因此，结合 MarST 的当前模型可以合理地描述非等温固液界面的自由枝晶生长。

3.2　基于界面非等温和非等溶质特性的二元合金枝晶凝固建模

3.2.1　非平衡界面动力学

对于过冷单相二元固溶体合金的稳态枝晶生长，本节考虑到了如下方面：由于界面局域曲率和界面动力学的作用，固液界面是非等温、非等溶质的；界面展现为针状枝晶形貌，枝晶尖端区域可以由旋转抛物面近似表示；枝晶以速度 V 在轴向方向生长；固相中的热扩散和溶质扩散可被忽略；假设液相中的热扩散和溶质扩散局域平衡；固相线和液相线是线性的；合金是稀释合金。

对于当前建模问题，采用抛物线坐标系(α,β,φ)更为简便，$x=r\alpha\beta\cos\varphi$，$y=r\alpha\beta\sin\varphi$，$z'=0.5r(\alpha^2-\beta^2)$。这里($x,y,z(z')$)是笛卡儿坐标系。固液界面沿$z(z')$方向移动，并采取如下坐标变换：$z'=z-Vt$(将参考系固定在移动界面上，$t$为时间)。于是，液相中的温度场和溶质场分别表示为$T_L(\alpha,\beta)$和$C_L(\alpha,\beta)$。$\alpha=1$对应固液界面，并具有尖端曲率半径$r$。

沿着固液界面($\alpha=1$)，根据吉布斯-汤姆逊关系，曲率$1/r(\beta)$的变化意味着平衡熔点随位置β而变化。此外，沿着固液界面，界面法向速度$V_n(\beta)$也是变化的，这将导致动力学过冷度和溶质分配的变化。考虑到上述两方面的影响，基于BCT模型[68]，界面温度$T_L(\alpha,\beta)$由式(3-10)给出($\alpha=1$)：

$$T_L(1,\beta)=T_M-\frac{2\Gamma}{r(\beta)}-\frac{V_n(\beta)}{\mu_0}-\left[m_LC_0-m(V_n)C_L(1,\beta)\right] \tag{3-10}$$

式中，C_0为二元合金的初始浓度(摩尔分数)；T_M为成分为C_0的二元合金平衡熔化温度(K)；Γ为毛细管常数(K·m)；μ_0为动力学系数[m/(s·K)]；m_L为平衡液相线斜率(K/%)；$C_L(1,\beta)$为界面处液相一侧的溶质浓度(摩尔分数)；局域曲率半径$r(\beta)$(m)、法向速度$V_n(\beta)$(m/s)及动力学液相线斜率$m(V_n)$(K/%)定义如下：

$$r(\beta)=r\frac{2\left(1+\beta^2\right)^{3/2}}{2+\beta^2} \tag{3-11}$$

$$V_n(\beta)=V\left(1+\beta^2\right)^{-1/2} \tag{3-12}$$

$$m(V_n)=\frac{m_L}{1-k_e}\left(1-k(V_n)+\left\{k(V_n)+\left[1-k(V_n)\right]\gamma\right\}\ln\frac{k(V_n)}{k_e}\right) \tag{3-13}$$

式中，k_e和k分别为平衡和非平衡溶质再分配系数(无量纲)。

本模型采取了液相线和固相线假设。因此，参数k_e、$k(V_n)$、$m(V_n)$和$m_S(V_n)$不随界面温度$T_L(1,\beta)$而变化。这里$m_S(V_n)$为动力学固相线斜率(K/%)，可以由关系式$k(V_n)=m(V_n)/m_S(V_n)$确定。基于 Aziz 溶质偏析模型[19]，由$C_S(1,\beta)/C_L(1,\beta)$定义的非平衡溶质再分配系数$k[V_n(\beta)]$在任意点$\beta$可以由式(3-14)给出：

$$k\left[V_n(\beta)\right]=\frac{k_e+V_n(\beta)/V_{DI}}{1+V_n(\beta)/V_{DI}} \tag{3-14}$$

式中，V_{DI}为界面溶质扩散速度(m/s)；$C_S(1,\beta)$为界面处固相一侧的溶质浓度(摩尔分数)。在枝晶尖端($\beta=0$)，$k[V_n(\beta)]$简化为$k(V)$，这正是等溶质界面模型所采用的形式。沿着固液界面从尖端到枝晶根部，随着β的增加，法向速度$V_n(\beta)$降低，并且非平衡溶质再分配系数 $k[V_n(\beta)]$ 也降低。因此，溶质浓度 $C_L(1,\beta)$ 随 β 的增加而增加，$C_S(1,\beta)$ 随 β 的增加而降低。根据动力学液相线斜率 $m(V_n)$ 和固相线斜率 $m_S(V_n)$ 及关系式 $k(V_n)=m(V_n)/m_S(V_n)$，$C_L(1,\beta)$ 和 $C_S(1,\beta)$ 可以被近似描述如下：

$$C_L(1,\beta)=\frac{m(V)}{m\left[V_n(\beta)\right]}C_L^* \tag{3-15}$$

$$C_S(1,\beta)=\frac{m_S(V)}{m_S\left[V_n(\beta)\right]}C_S^* \tag{3-16}$$

式中，C_L^* 和 C_S^* 分别为枝晶尖端的液相和固相溶质浓度(摩尔分数)，即 $C_L(1,0)$ 和 $C_S(1,0)$。

至此，界面响应函数描述完毕。综合式(3-16)，即可给出参数 $r(\beta)$、$V_n(\beta)$、$T_L(1,\beta)$、$C_L(1,\beta)$ 及 $C_S(1,\beta)$ 之间的关系。作为整体自由枝晶生长模型的一部分，式(3-10)也是液相前沿扩散场的边界条件。在等温、等溶质界面的假设下，当前模型简化为修正的 BCT 模型。

3.2.2　液相中的热扩散和溶质扩散

为了数学上更简洁，定义液相中的温度场 $U_L(\alpha,\beta)$ 和溶质场 $Q_L(\alpha,\beta)$ 如下：

$$U_L(\alpha,\beta)=T_L(\alpha,\beta)-T_L'(\alpha) \tag{3-17}$$

$$Q_L(\alpha,\beta)=C_L(\alpha,\beta)-C_L'(\alpha) \tag{3-18}$$

式中，$T_L(\alpha,\beta)$ 和 $C_L(\alpha,\beta)$ 为实际的温度场(K)和溶质场(摩尔分数)；$T_L'(\alpha)$ 和 $C_L'(\alpha)$ 为等温、等溶质假设情况下对应的场，由式(3-19)和式(3-20)给出[11]：

$$T_L'(\alpha)=\frac{\Delta H_f}{C_p}Pe_t e^{Pe_t}E_1\left(Pe_t\alpha^2\right)+T_\infty \tag{3-19}$$

$$C_L'(\alpha)=C_L'(1)\left[1-k(V)\right]Pe_c e^{Pe_c}E_1\left(Pe_c\alpha^2\right)+C_0 \tag{3-20}$$

式中，E_1 为指数积分函数；Pe_t 和 Pe_c 分别为热佩克莱数和溶质佩克莱数(无量纲)；ΔH_f 为熔化潜热(J/mol)；C_p 为液态合金比热容[J/(mol·K)]；T_∞ 为远离界面处的温度(K)。$T_L'(1)$ 和 $C_L'(1)$ 分别由式(3-21)和式(3-22)给出：

$$T_L'(1)=\frac{\Delta H_f}{C_p}\mathrm{Iv}\left(Pe_t\right)+T_\infty \tag{3-21}$$

$$C_L'(1)=\frac{C_0}{1-\left[1-k(V)\right]\mathrm{Iv}\left(Pe_c\right)} \tag{3-22}$$

式中，Iv 为 Ivantsov 函数。

采用抛物线坐标系(α,β,φ)及$U_{\mathrm{L}}(\alpha,\beta)$和$Q_{\mathrm{L}}(\alpha,\beta)$的定义式，经典 Fick 扩散方程可以重写为[112]

$$\frac{\partial^2 U_{\mathrm{L}}}{\partial \alpha^2}+\left(\frac{1}{\alpha}+2Pe_{\mathrm{t}}\alpha\right)\frac{\partial U_{\mathrm{L}}}{\partial \alpha}+\frac{\partial^2 U_{\mathrm{L}}}{\partial \beta^2}+\frac{1}{\beta}\frac{\partial U_{\mathrm{L}}}{\partial \beta}=0 \tag{3-23}$$

$$\frac{\partial^2 Q_{\mathrm{L}}}{\partial \alpha^2}+\left(\frac{1}{\alpha}+2Pe_{\mathrm{c}}\alpha\right)\frac{\partial Q_{\mathrm{L}}}{\partial \alpha}+\frac{\partial^2 Q_{\mathrm{L}}}{\partial \beta^2}+\frac{1}{\beta}\frac{\partial Q_{\mathrm{L}}}{\partial \beta}=0 \tag{3-24}$$

这两个扩散方程可以通过分离变量法分解为贝塞尔函数和合流超几何函数，λ为分离常数(无量纲)，解由式(3-25)和式(3-26)给出：

$$U(\alpha,\beta)=\mathrm{e}^{-Pe_{\mathrm{t}}\alpha^2}\int_0^{\infty}A_{\mathrm{t}}(\lambda)\phi\left(1+\frac{\lambda^2}{4Pe_{\mathrm{t}}};1;Pe_{\mathrm{t}}\alpha^2\right)J_0(\lambda\beta)\mathrm{d}\lambda \tag{3-25}$$

$$Q(\alpha,\beta)=\mathrm{e}^{-Pe_{\mathrm{c}}\alpha^2}\int_0^{\infty}A_{\mathrm{c}}(\lambda)\phi\left(1+\frac{\lambda^2}{4Pe_{\mathrm{c}}};1;Pe_{\mathrm{c}}\alpha^2\right)J_0(\lambda\beta)\mathrm{d}\lambda \tag{3-26}$$

式中，$J_0(z)$为贝塞尔函数；$\phi(a;b;z)$为第二类合流超几何函数；$A_{\mathrm{t}}(\lambda)$和$A_{\mathrm{c}}(\lambda)$为待定系数(无量纲)。这两个解满足远场边界条件(随着$\alpha\to\infty$，$U(\alpha,\beta)\to 0$，$Q(\alpha,\beta)\to 0$)。在界面处对β做汉克尔变换，可以确定$A_{\mathrm{t}}(\lambda)$和$A_{\mathrm{c}}(\lambda)$如下：

$$A_{\mathrm{t}}(\lambda)=\frac{\left[T_{\mathrm{M}}-T_{\mathrm{L}}'(1)\right]\delta(\lambda)-\mathrm{e}^{-\lambda}\left[\frac{\Gamma}{r}(1+\lambda)+\frac{V}{\mu_0}\right]-\lambda\int_0^{\infty}\left[m_{\mathrm{L}}C_0-m(V_{\mathrm{n}})C_{\mathrm{L}}(1,\beta)\right]J_0(\lambda\beta)\beta\mathrm{d}\beta}{\mathrm{e}^{-Pe_{\mathrm{t}}}\phi\left(1+\frac{\lambda^2}{4Pe_{\mathrm{t}}};1;Pe_{\mathrm{t}}\right)} \tag{3-27}$$

$$A_{\mathrm{c}}(\lambda)=\frac{\lambda\int_0^{\infty}C_{\mathrm{L}}(1,\beta)J_0(\lambda\beta)\beta\mathrm{d}\beta-C_{\mathrm{L}}'(1)\delta(\lambda)}{\mathrm{e}^{-Pe_{\mathrm{c}}}\phi\left(1+\frac{\lambda^2}{4Pe_{\mathrm{c}}};1;Pe_{\mathrm{c}}\right)} \tag{3-28}$$

式中，$\delta(\lambda)$为狄拉克δ函数。

至此，实现了温度场和溶质场的完整描述。稳态生长情况下，还存在着热和溶质扩散平衡，可以由式(3-29)和式(3-30)来描述：

$$V_{\mathrm{n}}(\beta)\Delta H_{\mathrm{f}}=K_{\mathrm{S}}G_{\mathrm{S}}(\beta)-K_{\mathrm{L}}\vec{n}\cdot\nabla T_{\mathrm{L}}(\alpha,\beta)\big|_{\alpha=1} \tag{3-29}$$

$$V_{\mathrm{n}}(\beta)\left[C_{\mathrm{L}}(1,\beta)-C_{\mathrm{S}}(1,\beta)\right]=-D_{\mathrm{L}}\vec{n}\cdot\nabla C_{\mathrm{L}}(\alpha,\beta)\big|_{\alpha=1} \tag{3-30}$$

式中，K_{S} 和 K_{L} 分别为固相和液相的热导率[$\mathrm{J/(m\cdot s\cdot K)}$]；$G_{\mathrm{S}}(\beta)$ 为界面处固相一侧的温度梯度($\mathrm{K/m}$)；$\vec{n}$ 为界面法向的单位向量；∇ 为梯度算子。在抛物线坐标系(α,β,φ)，$\vec{n}\cdot\nabla$ 可以表示为

$$\vec{n}\cdot\nabla=\frac{1}{r\left(1+\beta^{2}\right)^{1/2}}\frac{\partial}{\partial\alpha} \tag{3-31}$$

对于过冷熔体中的自由枝晶生长，在等温固液界面情况下，固相中的温度梯度通常可忽略。对于非等温界面，存在一个额外的梯度 $G_{\mathrm{S}}(\beta)$：

$$G_{\mathrm{S}}(\beta)=\frac{\beta}{r\left(1+\beta^{2}\right)^{1/2}}\frac{\partial T_{\mathrm{L}}(1,\beta)}{\partial\beta} \tag{3-32}$$

应用到 $Cu_{70}Ni_{30}$ 合金，模型测试表明 $G_{\mathrm{S}}(\beta)$ 的影响可以忽略(在 $\beta\sim0$ 的邻域内，$|G_{\mathrm{S}}(\beta)/G_{\mathrm{L}}(\beta)|\ll1$，$G_{\mathrm{L}}(\beta)$ 为液相中的温度梯度($\mathrm{K/m}$)，由 $G_{\mathrm{L}}(\beta)=\vec{n}\cdot\nabla T_{\mathrm{L}}(\alpha,\beta)|_{\alpha=1}$ 给出)。因此，熔化潜热的释放绝大多数是通过界面前沿液相中的输运完成的。

将 $T_{\mathrm{L}}(\alpha,\beta)$ 和 $C_{\mathrm{L}}(\alpha,\beta)$ 的表达式代入扩散平衡方程[式(3-29)和式(3-30)]，在枝晶尖端取 $\beta=0$，可以得到如下结果：

$$\Delta T=\frac{\Delta H_{\mathrm{f}}}{C_{\mathrm{p}}}\mathrm{Iv}(Pe_{\mathrm{t}})+\frac{2\Gamma}{r}N_{1}(Pe_{\mathrm{t}})+\frac{V}{\mu_{0}}N_{2}(Pe_{\mathrm{t}})+\left[m_{\mathrm{L}}C_{0}-m(V)C_{\mathrm{L}}^{*}N_{3}(Pe_{\mathrm{t}})\right] \tag{3-33}$$

$$C_{\mathrm{L}}^{*}=\frac{C_{0}}{N_{\mathrm{c}}(Pe_{\mathrm{c}})-\left[1-k(V)\right]\mathrm{Iv}(Pe_{\mathrm{c}})} \tag{3-34}$$

式中，ΔT 为总过冷度(K)，由 $T_{\mathrm{M}}-T_{\infty}$ 定义。$N_{1}(Pe_{\mathrm{t}})$、$N_{2}(Pe_{\mathrm{t}})$、$N_{3}(Pe_{\mathrm{t}})$ 和 $N_{\mathrm{c}}(Pe_{\mathrm{c}})$ 定义为

$$N_{1}(Pe_{\mathrm{t}})=\mathrm{Iv}(Pe_{\mathrm{t}})\int_{0}^{\infty}\mathrm{e}^{-2}\frac{(1+\lambda)}{2}\frac{\phi\left(\dfrac{1+\lambda^{2}}{4Pe_{\mathrm{t}}};2;Pe_{\mathrm{t}}\right)}{\phi\left(\dfrac{1+\lambda^{2}}{4Pe_{\mathrm{t}}};1;Pe_{\mathrm{t}}\right)}\mathrm{d}\lambda \tag{3-35}$$

$$N_{2}(Pe_{\mathrm{t}})=\mathrm{Iv}(Pe_{\mathrm{t}})\int_{0}^{\infty}\mathrm{e}^{-2}\frac{\phi\left(1+\dfrac{\lambda^{2}}{4Pe_{\mathrm{t}}};2;Pe_{\mathrm{t}}\right)}{\phi\left(1+\dfrac{\lambda^{2}}{4Pe_{\mathrm{t}}};1;Pe_{\mathrm{t}}\right)}\mathrm{d}\lambda \tag{3-36}$$

$$N_3(Pe_t)=\mathrm{Iv}(Pe_t)\int_0^{\infty}\int_0^{\infty}\frac{m(V_n)C_L(1,\beta)}{m(V)C_L(1,0)}J_0(\lambda\beta)\beta\mathrm{d}\beta\frac{\phi\left(1+\dfrac{\lambda^2}{4Pe_t};2;Pe_t\right)}{\phi\left(1+\dfrac{\lambda^2}{4Pe_t};1;Pe_t\right)}\lambda\mathrm{d}\lambda \tag{3-37}$$

$$N_c(Pe_c)=\mathrm{Iv}(Pe_c)\int_0^{\infty}\int_0^{\infty}\frac{C_L(1,\beta)}{C_L(1,0)}J_0(\lambda\beta)\beta\mathrm{d}\beta\frac{\phi\left(1+\dfrac{\lambda^2}{4Pe_c};2;Pe_c\right)}{\phi\left(1+\dfrac{\lambda^2}{4Pe_c};1;Pe_c\right)}\lambda\mathrm{d}\lambda \tag{3-38}$$

式中，使用了数学关系式：$\mathrm{Iv}(p)\phi(1;2;p)/\phi(1;1;p)=1$，其中 p 泛指 Pe_t 或 Pe_c。

作为整体模型的一部分，式(3-33)和式(3-34)是最终的表达形式。在等温、等溶质界面假设下，参数 $N_1(Pe_t)$、$N_2(Pe_t)$、$N_3(Pe_t)$ 及 $N_c(Pe_c)$ 恒等于 1，于是当前模型将简化为修正的 BCT 模型。

3.2.3 边缘稳定性判据

在给定总过冷度 ΔT 的情况下，式(3-33)和式(3-34)能够给出一个尖端曲率半径 r 和凝固速度 V 之间的关系。为了唯一确定所有物理量，尚需另外一个方程，本模型采用边缘稳定性判据来作为这个限定条件。对于稀释合金，假设线性固相线和液相线，曲率半径 r 可以被近似描述为

$$r=\frac{\Gamma/\sigma^*}{\dfrac{\Delta H_f}{C_p}Pe_t\xi_t+2m(V)C_L^*\left[k(V)-1\right]Pe_c\xi_c} \tag{3-39}$$

式中，参数 ξ_t 由式(3-9)给出，参数 ξ_c (无量纲)定义为

$$\xi_c=1+\frac{2k(V)}{1-2k-\sqrt{1+\left(\sigma^*Pe_c^2\right)^{-1}}} \tag{3-40}$$

至此，在界面非等温、非等溶质的情况下，整体模型建立完毕。同时求解式(3-10)、式(3-14)、式(3-15)、式(3-33)、式(3-34)及式(3-39)，过冷单相固溶体二元合金熔体枝晶凝固全部建模完毕。

3.3 模 型 应 用

应用到 $Cu_{70}Ni_{30}$ 合金，本节进行非等温、非等溶质模型与相应的等温、等溶质模型的比较，热力学与动力学参数示于表 3-1。下面首先讨论界面的非等温特

性对枝晶凝固行为的影响，然后分析非等溶质界面对枝晶凝固行为的影响，最后进行实验数据的比较。

表 3-1　$Cu_{70}Ni_{30}$ 合金的热力学与动力学参数[114]

参数	符号	数值	单位
平衡熔化温度	T_M	1513	K
熔化潜热	ΔH_f	2.317×10^5	J / kg
液态合金比热容	C_p	576	J/(kg·K)
毛细管常数	Γ	1.6×10^{-7}	K·m
溶质扩散系数	D_L	6.0×10^{-9}	m^2 / s
热扩散系数	α_L	3×10^{-6}	m^2 / s
界面溶质扩散速度	V_{DI}	19	m / s
平衡液相线斜率	m_L	−4.38	K / %
平衡溶质再分配系数	k_e	0.81	—
动力学系数	μ_0	1.4	m / (s·K)

3.3.1　非等温界面的影响

图 3-5 给出了当前模型与修正的 BCT 模型关于界面温度与总过冷度的关系。由于界面的非等温性质，对于当前模型给出了在 $\beta=0$ 和 $\beta=1$ 处界面温度 $T_L(1,\beta)$ 的计算结果。对于修正的 BCT 模型，由于等温界面的假设，只给出枝晶尖端温度即可，该温度由符号 $T_{I\text{-}BCT}$ 表示。该图表明对于当前模型界面温度 $T_L(1,1)$ 高于尖端温度 $T_L(1,0)$，这意味着界面温度 $T_L(1,\beta)$ 沿着固液界面从枝晶根部到尖端逐渐降低，这一温度梯度将导致侧向热扩散。这一物理过程无法用等温模型考虑，该模型仅考虑界面前沿液相中的纵向热扩散，侧向热扩散使非等温情况下的尖端温度高于等温界面假设下的界面温度。这一结论也可以由图 3-5 证实。如图 3-5 所示，当前模型预测的尖端温度 $T_L(1,0)$ 高于修正的 BCT 模型给出的界面温度 $T_{I\text{-}BCT}$。

侧向热扩散并不是导致两个模型预测的温度产生差别的唯一原因。这一温度差值由符号 ΔT_{model} 表示，即 $\Delta T_{model}=T_L(1,0)-T_{I\text{-}BCT}$。定义 ΔT_I 为 $\beta=1$ 处和尖端界面温度的差值，即 $\Delta T_I=T_L(1,1)-T_L(1,0)$。不同 ΔT 情况下，温度差 ΔT_I 和 ΔT_{model} 在图 3-6 中给出。可以看到，在 ΔT 小于 120 K 时，$\Delta T_I<\Delta T_{model}$。反之，在其他总过冷度，$\Delta T_I>\Delta T_{model}$。此外，在 $\Delta T\approx80$K 时，ΔT_I 的值与 $\Delta T\approx160$K 时相同，

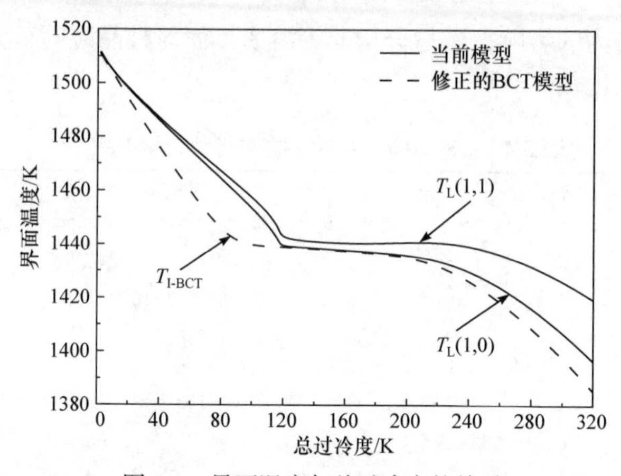

图 3-5　界面温度与总过冷度的关系

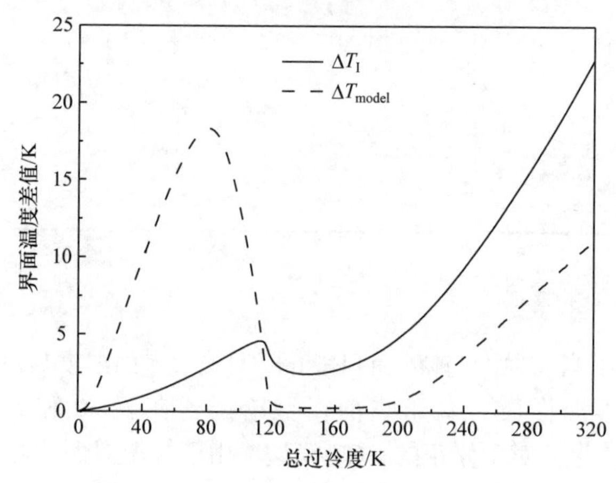

图 3-6　界面温度差值与总过冷度的关系

然而其相对应的 ΔT_{model} 的值却相差很大。因此，除了非零 ΔT_I 导致的侧向热扩散，还有另外一个因素导致两个模型预测值产生差值 ΔT_{model}。

为了找到第二个因素，假设当前所分析的这两个模型都不考虑溶质扩散[令 $k(V)\equiv 1$]，这对应于纯金属的情况。这种情况下温度差 ΔT_I 和 ΔT_{model} 与总过冷度的关系见图 3-7。该图表明对于所有的总过冷度 ΔT，$\Delta T_I > \Delta T_{model}$，$\Delta T_{model}$ 和 ΔT_I 随着总过冷度 ΔT 的增加而单调增加。结合图 3-6 与图 3-7 可以得出，两种不同界面情况下液相中的溶质扩散使界面温度产生了如图 3-6 所示的复杂现象。因此，存在两个因素共同导致了两个模型预测值的差别。第一个是由沿着固液界面的温度梯度产生的侧向热扩散。第二个是两种不同界面情况下液相中的溶质扩散，这两种不同的界面情况分别是等温、等溶质界面与非等温、非等溶质界面。

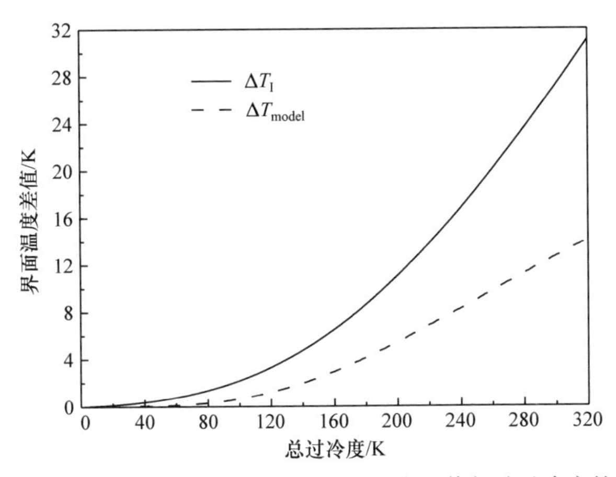

图 3-7　假设无溶质扩散情况下的界面温度差值与总过冷度的关系

3.3.2　非等溶质界面的影响

图 3-8 给出了当前模型和修正的 BCT 模型预测的界面溶质浓度 $C_{\mathrm{L}}(1,\beta)$ 随总过冷度 ΔT 的变化关系。为了描述界面的非等溶质程度，定义 ΔC_{I} 为 $C_{\mathrm{L}}(1,1)$ 与 C_{L}^{*} 的差值，即 $\Delta C_{\mathrm{I}}=C_{\mathrm{L}}(1,1)-C_{\mathrm{L}}^{*}$。这一差值随 ΔT 的变化关系示于图 3-9。从图 3-8 和图 3-9 中可以看到低总过冷度时溶质浓度 $C_{\mathrm{L}}(1,1)$ 几乎等于尖端溶质浓度 C_{L}^{*}。这是由于低总过冷度时凝固速度 V 非常小(图 3-10)，法向速度 $V_{\mathrm{n}}(\beta)\to V$ ($0<V_{\mathrm{n}}(\beta)<V$)，进而 $C_{\mathrm{L}}(1,\beta)\to C_{\mathrm{L}}(1,0)$。因此，在低总过冷度情况下，界面的非等溶质影响是可以忽略的。此外，在高总过冷度情况下，非等溶质的影响随着

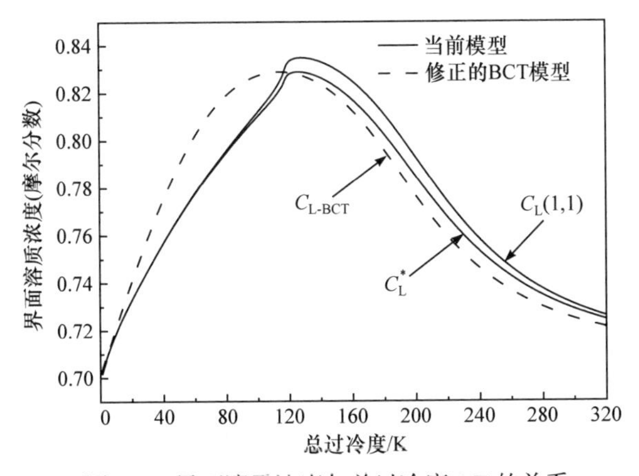

图 3-8　界面溶质浓度与总过冷度 ΔT 的关系

C_{L}^{*} 、$C_{\mathrm{L\text{-}BCT}}$ 分别是当前模型和修正的 BCT 模型所给出的枝晶尖端溶质浓度；$C_{\mathrm{L}}(1,1)$ 是由当前模型给出的非等溶质界面 $\beta=1$ 处的溶质浓度

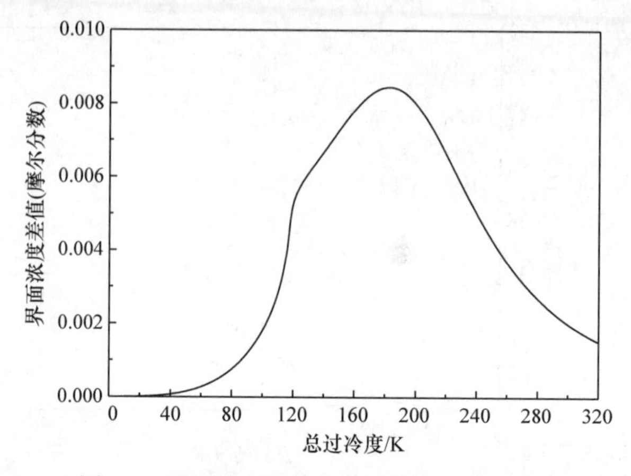

图 3-9 界面浓度差值与总过冷度 ΔT 的关系

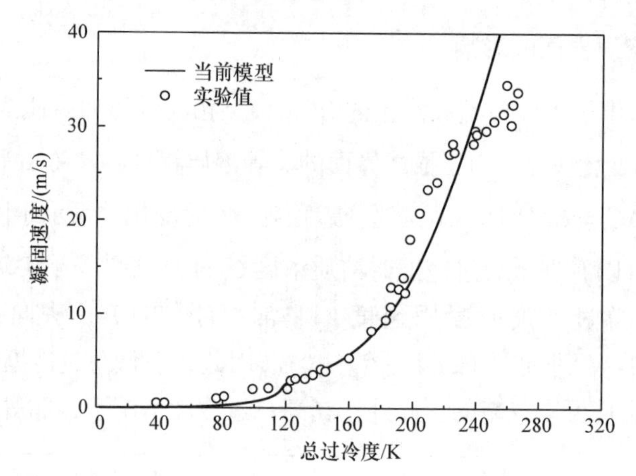

图 3-10 $Cu_{70}Ni_{30}$ 合金凝固速度与总过冷度的关系[133-134]

总过冷度 ΔT 的增加而减小，这是由于界面溶质截留的逐渐增强。在其他总过冷度情况下，差值 ΔC_{I} 相对较大(图 3-9)，然而它对于 $Cu_{70}Ni_{30}$ 合金的影响依然很小。这是由于 $N_3\left(Pe_{\mathrm{t}}\right)=1$，并且参数 $N_{\mathrm{c}}\left(Pe_{\mathrm{c}}\right)$ 对于该合金也近似等于 1(图 3-11)。

此外，本小节比较了 $Cu_{70}Ni_{30}$ 合金的模型预测与实验结果[133-134]。图 3-10 给出了凝固速度 V 与总过冷度 ΔT 的关系。可以看到，模型预测与实验结果基本一致。对于符合得不是很完美解释如下：首先，Willnecker 等[133]、Herlach 和 Feuerbacher[134]的实验表明，对于 $Cu_{70}Ni_{30}$ 合金存在一个临界总过冷度 $\Delta T=193\mathrm{K}$，大于这个值晶粒细化现象发生并伴随晶粒尺寸高于两个量级的下降。正如 Willnecker 等的讨论，可能的机制是枝晶破碎，然而这一机制已经超出了当前模型的预测范围。其次，作为非等温、非等溶质界面枝晶凝固系列建模的初期工作，

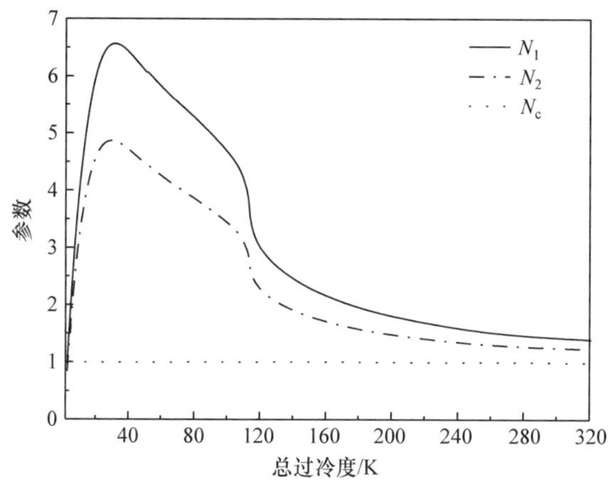

图 3-11　参数 N_1、N_2 和 N_c 与总过冷度的关系

N_3 的值并未画出，由于在该界面条件[式(3-15)]情况下，$N_3 \equiv 1$

本章并没有考虑溶质扩散的弛豫效应。基于这一效应，当凝固速度 V 超过液体中的溶质扩散速度时，发生完全的溶质截留。将这一机制引入当前模型，高过冷度区的预期结果将得到修正。最后，为了初期工作的相对简化，当前模型引入了线性固、液相线假设，这也是影响预测结果的因素之一。进一步可以通过去除这一假设，采用弯曲相边界或直接采用吉布斯自由能来完善模型预测结果。

3.4　本 章 小 结

本章通过考虑界面局域曲率和界面动力学的法向速度依赖性产生的界面非等温性质，建立了纯金属非等温界面的自由枝晶生长模型。根据 Kotler 和 Tarshis[112] 给出的数学处理，在假定固相温度梯度可以忽略的情况下，基于抛物线坐标系求解并得到了热扩散方程的解析解。在非等温固液界面的自由枝晶生长模型中首次引入了边缘稳定性理论，对所建立的非等温界面枝晶模型和相应的等温界面假设枝晶模型进行数值计算及比较分析，结果表明非等温界面模型可以给出相对更高的包括枝晶尖端在内的界面温度预测值。这可以用沿非等温固液界面的额外热扩散来解释。通过对比分析进一步表明，由于沿着固液界面局域曲率和界面动力学的变化，非等温固液界面的影响比较明显，并且应当被考虑在自由枝晶生长建模之中。此外，当前模型与现有的实验数据吻合较好。

本章成功建立了考虑界面非等温、非等溶质特性耦合影响的枝晶凝固模型，并通过与现有模型及实验数据的比较分析证实了如下结论。第一，考虑了界面非等温、非等溶质特性的枝晶模型具有更高的界面温度预测值(包括枝晶尖端)。这可以归结为两个因素：①在非等温、非等溶质界面情况下，沿着界面将存在额外的侧向热扩散，这一效应将导致等温界面假设的模型对尖端温度的预测过低；②非等温、非等溶质界面边界条件下的液相溶质扩散。第二，模拟结果充分证实当前模型与之前等温界面假设的模型预测结果差异是显著的，因此，考虑非平界面引起的界面非等温、非等溶质特性在枝晶凝固理论建模中是十分必要的。在本模型引入的四个参数 $N_1(Pe_t)$、$N_2(Pe_t)$、$N_3(Pe_t)$ 及 $N_c(Pe_c)$ 都恒等于 1 的情况下，本模型可以简化为修正的 BCT 模型。第三，模型预测与实验结果基本一致。

第4章　界面非等温和非等溶质特性及弛豫效应耦合影响下的枝晶凝固模型

凝固过程中固液界面的非平界面特性会导致溶质偏析和动力学生长的界面法向速度依赖性及界面处局域曲率的变化，进而引起界面的非等温、非等溶质性质。作为非等温、非等溶质固液界面枝晶凝固系列建模，第2章针对溶质偏析的界面法向速度依赖性引起的界面非等溶质特性，建立了适用于非平界面的溶质偏析模型及扩展的考虑了非等溶质界面的自由枝晶生长模型；第3章聚焦界面局域曲率变化及动力学生长各向异性导致的非等温界面，对于纯金属建立了基于非等温界面的枝晶凝固模型，实现了界面非等温、非等溶质特性真正耦合的枝晶凝固建模，为凝固理论研究展现了新的方向，也为本系列工作的进行奠定了坚实的基础[114]。在深过冷快速凝固过程中，界面局域非平衡及液相中的局域非平衡溶质扩散的弛豫效应十分显著。本章进一步在第3章模型的基础上引入液相溶质扩散的弛豫效应，建立考虑了界面非等温和非等溶质特性耦合影响及弛豫效应的枝晶凝固模型[128]。

4.1　模 型 描 述

在本节中，首先描述能处理溶质扩散的弛豫效应，以及反映固液界面的非等温和非等溶质性质的界面响应函数。其次，求解热扩散方程和溶质扩散方程，分别得到界面尖端温度和界面溶质浓度解析表达式。最后，结合 MarST，建立考虑了界面非等温和非等溶质特性耦合影响及弛豫效应的枝晶凝固模型。

4.1.1　界面响应函数

对于稳态自由枝晶生长，枝晶尖端区域的界面形貌通常采用旋转抛物面来近似。如图4-1所示，由于沿固液界面曲率和法向速度的变化，固液界面是非等温和非等溶质的。根据吉布斯-汤姆逊效应，曲率的变化导致界面不同位置的曲率过冷度不同。沿界面的法向速度不同导致了动力学过冷度和溶质再分配系数的变化，从而使沿界面向枝晶尖端方向的曲率过冷度和动力学过冷度逐渐增加，这就是过冷熔体自由枝晶生长过程中枝晶尖端生长最快的原因，因此尖端的界面温度相对较低。同时，随着溶质截留程度的增加，沿界面向尖端方向的溶质浓度逐渐降低。

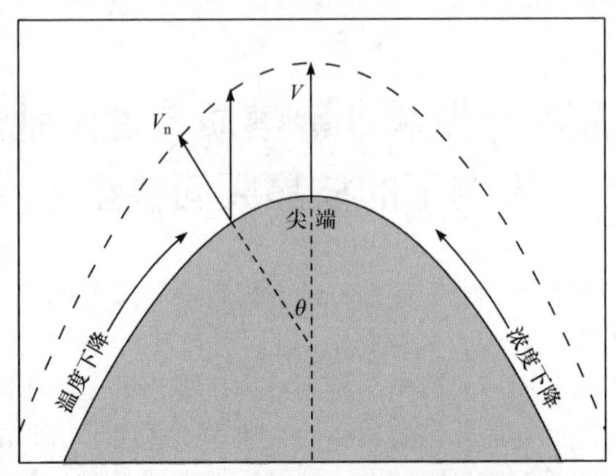

图 4-1 非等温、非等溶质枝晶尖端区域示意图

为了求解以非等溶质和非等温界面作为边界条件的液相中溶质场和温度场，采用抛物线坐标系(α,β,φ)比较方便：$x=r\alpha\beta\cos\varphi$，$y=r\alpha\beta\sin\varphi$，$z=0.5r(\alpha^2-\beta^2)$，$(x,y,z)$是笛卡儿坐标系。采用坐标转换$z'=z-Vt$将参考系固定在运动界面上，$V$为$z$轴方向凝固速度，$t$为时间。因此，当尖端曲率半径为$r$时，固液界面可以描述为$\alpha=1$。熔体中的溶质场和温度场可以分别描述为$C_L(\alpha,\beta)$和$T_L(\alpha,\beta)$。由于抛物面的旋转对称性，坐标系中的$\varphi$可以忽略。根据第 3 章的工作，考虑界面的非等温、非等溶质特性，可将界面响应函数扩展为

$$T_L(1,\beta)=T_M-\frac{2\Gamma}{r(\beta)}-\frac{V_n(\beta)}{\mu_0}-\left\{m_LC_0-m\left[V_n(\beta)\right]C_L(1,\beta)\right\} \tag{4-1}$$

式中，$T_L(1,\beta)$为界面温度(K)；T_M为合金初始浓度为C_0的平衡熔化温度(K)；Γ为毛细管常数(K·m)；μ_0为动力学系数[m/(s·K)]；m_L为平衡液相线斜率(K/%)；$C_L(1,\beta)$为界面液相侧的界面溶质浓度(摩尔分数)。另外，界面曲率半径$r(\beta)$(m)、界面法向速度$V_n(\beta)$(m/s)和动力学液相线斜率$m(V_n)$(K/%)定义如下：

$$r(\beta)=2r\left(1+\beta^2\right)^{3/2}\Big/\left(2+\beta^2\right) \tag{4-2}$$

$$V_n(\beta)=V\left(1+\beta^2\right)^{-1/2} \tag{4-3}$$

$$m(V_n)=\frac{m_L}{1-k_e}\left\{1-k(V_n)+\left[1-k(V_n)\right]^2\frac{V_n}{V_D}+\ln\frac{k(V_n)}{k_e}\right\},\quad V_n<V_D \tag{4-4a}$$

$$m(V_n)=\frac{m_L}{k_e-1}\ln k_e,\quad V_n\geqslant V_D \tag{4-4b}$$

式中，k_e 和 k 分别为溶质的平衡和非平衡溶质再分配系数(无量纲)。对于目前的模型，假设液相线和固相线为线性的。因此，参数 k_e、$k(V_n)$ 和 $m(V_n)$ 与界面温度 $T_L(1,\beta)$ 无关。

考虑弛豫效应，界面任意点 β 处的界面非平衡溶质再分配系数 $k(V_n)$ 为

$$k(V_n)=\frac{k_e\psi - V_n / V_{DI}}{\psi - V_n / V_{DI}}, \quad V_n < V_D \tag{4-5a}$$

$$k(V_n)=1, \quad V_n \geqslant V_D \tag{4-5b}$$

式中，V_{DI} 为界面溶质扩散速度(m/s)。当 $V<V_D$ 时，$\psi = 1 - V^2/V_D^2$；当 $V \geqslant V_D$ 时，$\psi = 0$。在枝晶尖端($\beta = 0$)处，$k(V_n)$ 简化为等溶质界面假设的自由枝晶生长模型中普遍采用的 $k(V)$。

在第 3 章的工作中，通过讨论界面溶质浓度 $C_L(1,\beta)$ 分布，得出如式(4-6)所定义的更为合理的界面溶质浓度 $C_L(1,\beta)$：

$$C_L(1,\beta)=\frac{m(V)}{m(V_n)}C_L(1,0) \tag{4-6}$$

式中，$C_L(1,0)$ 为液相侧尖端溶质浓度(摩尔分数)；$m(V)$ 为枝晶尖端的动力学液相线斜率($K/\%$)。

同时考虑了溶质扩散的弛豫效应和界面非等温、非等溶质特性的影响，界面响应函数可以用式(4-1)～式(4-6)描述，并给出 $T_L(1,\beta)$、$r(\beta)$、$V_n(\beta)$ 和 $C_L(1,\beta)$ 之间的关系。作为自由枝晶生长模型的一部分，该界面响应函数也被作为接下来讨论热扩散和溶质扩散方程的边界条件。忽略界面非等温和非等溶质的影响，现有的界面响应函数[式(4-1)]可简化为 GD 模型:

$$T_L^* = T_M - \frac{2\Gamma}{r} - \frac{V}{\mu_0} - \left[m_L C_0 - m(V) C_L^*\right] \tag{4-7}$$

式中，T_L^* [$T_L(1,0)$]为枝晶尖端的温度(K)；C_L^* [$C_L(1,0)$]为枝晶尖端的溶质浓度(摩尔分数)。

4.1.2 液相中的热扩散

随着自由枝晶的生长，凝固过程中释放的潜热使界面温度高于远离界面的熔体温度。因此，界面前方的液体必须通过热传导才能保证稳态增长。熔体中的热扩散速度远快于溶质的扩散速度，因此可以建立热扩散的局部平衡。忽略固体内部的热扩散和液体内的对流，液体内的热扩散现象用经典的 Fick 扩散方程描述为[104-105]

$$\left(\alpha_{\mathrm{L}}\nabla^2-\frac{\partial}{\partial t}\right)T_{\mathrm{L}}\left(x,y,z,t\right)=0 \tag{4-8}$$

式中，T_{L} 为笛卡儿坐标系(x,y,z)中液体中的温度(K)；α_{L} 为在抛物线坐标系(α,β,φ)中的液体的热扩散系数(m^2/s)，此扩散方程可以整理为

$$\frac{\partial^2 T_{\mathrm{L}}}{\partial\alpha^2}+\left(\frac{1}{\alpha}+2Pe_{\mathrm{t}}\alpha\right)\frac{\partial T_{\mathrm{L}}}{\partial\alpha}+\frac{\partial^2 T_{\mathrm{L}}}{\partial\beta^2}+\frac{1}{\beta}\frac{\partial T_{\mathrm{L}}}{\partial\beta}=0 \tag{4-9}$$

式中，Pe_{t} 是热佩克莱数，定义为 $Pe_{\mathrm{t}}=rV/(2\alpha_{\mathrm{L}})$。方程中有一项 $-2Pe_{\mathrm{t}}\beta\partial T_{\mathrm{L}}/\partial\beta$ 被忽略，因为枝晶尖端的凝固行为仅受 $\beta\sim 0$ 附近区域的影响，而此时 $1/\beta\gg 2Pe_{\mathrm{t}}\beta$。

利用分离变量法和对 β 进行汉克尔坐标变换，在边界条件[式(4-1)]下，可以得到液体中温度场的描述：

$$T_{\mathrm{L}}(\alpha,\beta)=\mathrm{e}^{-Pe_{\mathrm{t}}\alpha^2}\int_0^{\infty}A_{\mathrm{t}}(\lambda)\phi\left(1+\frac{\lambda^2}{4Pe_{\mathrm{t}}};1;Pe_{\mathrm{t}}\alpha^2\right)J_0(\lambda\beta)\mathrm{d}\lambda+T_{\infty} \tag{4-10}$$

$$A_{\mathrm{t}}(\lambda)=\frac{(T_{\mathrm{M}}-T_{\infty})\delta(\lambda)-\mathrm{e}^{-\lambda}\left[\frac{\Gamma}{R}(1+\lambda)+\frac{V}{\mu_0}\right]-\lambda\int_0^{\infty}\left[m_{\mathrm{L}}C_0-m(V_{\mathrm{n}})C_{\mathrm{L}}(1,\beta)\right]J_0(\lambda\beta)\beta\mathrm{d}\beta}{\mathrm{e}^{-Pe_{\mathrm{t}}}\phi\left(1+\lambda^2/(4Pe_{\mathrm{t}});1;Pe_{\mathrm{t}}\right)} \tag{4-11}$$

式中，T_{∞} 为远离界面的过冷熔体的温度(K)，也是积分常数；$\delta(\lambda)$ 为狄拉克 δ 函数；$\phi(a;b;z)$ 为第二类合流超几何函数；$J_0(z)$ 为贝塞尔函数。

在稳态条件下，忽略固体中的温度梯度，热扩散平衡可以描述为

$$V_{\mathrm{n}}(\beta)\Delta H_{\mathrm{f}}=-K_{\mathrm{L}}\vec{n}\cdot\nabla T_{\mathrm{L}}(\alpha,\beta)\big|_{\alpha=1} \tag{4-12}$$

式中，ΔH_{f} 为熔化潜热($\mathrm{J/mol}$)；K_{L} 为熔体没有对流情况下的导热系数[$\mathrm{J/(m\cdot s\cdot K)}$]；$\vec{n}$ 为界面法向的单位向量；∇ 为梯度算子。结合热扩散平衡[式(4-12)]和液体中的温度场[式(4-10)]，可以获得枝晶尖端处的如下关系式：

$$\Delta T=\frac{\Delta H_{\mathrm{f}}}{C_{\mathrm{p}}}\mathrm{Iv}(Pe_{\mathrm{t}})+\frac{2\Gamma}{r}N_1(Pe_{\mathrm{t}})+\frac{V}{\mu_0}N_2(Pe_{\mathrm{t}})+\left[m_{\mathrm{L}}C_0-m(V_{\mathrm{n}})C_{\mathrm{L}}^*\right] \tag{4-13}$$

式中，C_{p} 为液态合金比热容[$\mathrm{J/(mol\cdot K)}$]；参数 $N_1(Pe_{\mathrm{t}})$ 和 $N_2(Pe_{\mathrm{t}})$ 定义为

$$N_1(Pe_{\mathrm{t}})=\mathrm{Iv}(Pe_{\mathrm{t}})\int_0^{\infty}\mathrm{e}^{-\lambda}\frac{1+\lambda}{2}\frac{\phi\left(1+\lambda^2/(4Pe_{\mathrm{t}});2;Pe_{\mathrm{t}}\right)}{\phi\left(1+\lambda^2/(4Pe_{\mathrm{t}});1;Pe_{\mathrm{t}}\right)}\mathrm{d}\lambda \tag{4-14}$$

$$N_2\left(Pe_{\mathrm{t}}\right)=\mathrm{Iv}\left(Pe_{\mathrm{t}}\right)\int_0^{\infty}\mathrm{e}^{-\lambda}\frac{\phi\left(1+\lambda^2/\left(4Pe_{\mathrm{t}}\right);2;Pe_{\mathrm{t}}\right)}{\phi\left(1+\lambda^2/\left(4Pe_{\mathrm{t}}\right);1;Pe_{\mathrm{t}}\right)}\mathrm{d}\lambda \tag{4-15}$$

4.1.3　液相中的溶质扩散

当$k_{\mathrm{e}}<1$时，由于界面处的溶质再分布，液相侧的界面溶质浓度高于远离界面的液相的浓度。因此，在固液界面前的液体中存在溶质扩散，以保证稳态生长。忽略固体中的溶质扩散，液体中的溶质扩散现象可以用局部非平衡溶质扩散方程描述为

$$\left(D_{\mathrm{L}}\nabla^2-\frac{\partial}{\partial t}-\tau_{\mathrm{D}}\frac{\partial^2}{\partial t^2}\right)C_{\mathrm{L}}\left(x,y,z,t\right)=0 \tag{4-16}$$

式中，C_{L}为笛卡儿坐标系(x,y,z)下液体中的溶质浓度(摩尔分数)；D_{L}为液体中的溶质扩散系数(m^2/s)；τ_{D}为局域扩散的弛豫时间(s)。为了数学上的简化，采用了$z''=\left(z-Vt\right)/\psi$的坐标转换。在笛卡儿坐标系($x,y,z''$)中，溶质扩散方程可以改写为

$$\frac{\partial^2 C_{\mathrm{L}}}{\partial x^2}+\frac{\partial^2 C_{\mathrm{L}}}{\partial y^2}+\frac{\partial^2 C_{\mathrm{L}}}{\partial z''^2}+\frac{V}{\psi^{1/2}D_{\mathrm{L}}}\frac{\partial C}{\partial z''}=0 \tag{4-17}$$

采用抛物线坐标系(α',β',φ)：$x=r\alpha'\beta'\cos\varphi$，$y=r\alpha'\beta'\sin\varphi$，$z''=0.5r(\alpha'^2-\beta'^2)$，溶质扩散方程[式(4-17)]可以整理为

$$\frac{\partial^2 C_{\mathrm{L}}}{\partial\alpha'^2}+\left(\frac{1}{\alpha'}+2\frac{Pe_{\mathrm{c}}}{\psi^{1/2}}\alpha'\right)\frac{\partial C_{\mathrm{L}}}{\partial\alpha'}+\frac{\partial^2 C_{\mathrm{L}}}{\partial\beta'^2}+\frac{1}{\beta'}\frac{\partial C_{\mathrm{L}}}{\partial\beta'}=0 \tag{4-18}$$

式中，Pe_{c}为溶质佩克莱数(无量纲)，定义为$Pe_{\mathrm{c}}=rV/(2D_{\mathrm{L}})$。此处，方程中忽略了一项$-2Pe_{\mathrm{c}}\beta'\psi^{-1/2}\partial C_{\mathrm{L}}/\partial\beta'$。严格地说，这种近似只适用于溶质控制区，即低凝固速度V。当$V\to V_{\mathrm{D}}$($\psi\to 0$)时，溶质再分配受到明显的抑制，几乎发生完全的溶质截留，使非平衡溶质再分配系数$k\to 1$。在这种情况下，界面的非等溶质程度很小，界面非等溶质性质的影响可以忽略。

利用分离变量法，扩散方程[式(4-18)]可以分为贝塞尔方程和带有分离常数λ的合流超几何方程。进一步得到如下结果：

$$C_{\mathrm{L}}\left(\alpha',\beta'\right)=\mathrm{e}^{-\frac{Pe_{\mathrm{c}}}{\psi^{1/2}}\alpha'^2}\int_0^{\infty}A_{\mathrm{c}}\left(\lambda\right)\phi\left(1+\frac{\lambda^2\psi^{1/2}}{4Pe_{\mathrm{c}}};1;\frac{Pe_{\mathrm{c}}}{\psi^{1/2}}\alpha'^2\right)J_0\left(\lambda\beta'\right)\mathrm{d}\lambda+C_0 \tag{4-19}$$

式中，$J_0\left(z\right)$为贝塞尔函数；$\phi\left(a;b;z\right)$为第二类合流超几何函数；$A_{\mathrm{c}}\left(\lambda\right)$为待定系数(无量纲)；$C_0$为二元合金的初始浓度(摩尔分数)，作为积分常数。当$\beta'\to\infty$时，

该结果满足远离界面的液体的边界条件，即 $C_{\mathrm{L}}(\alpha',\beta') \to C_0$。在界面上，通过汉克尔变换球坐标 β'，$A_{\mathrm{c}}(\lambda)$ 可以进一步确定如下：

$$A_{\mathrm{c}}(\lambda) = \frac{\lambda \int_0^{\infty} \left[C_{\mathrm{L}}\left(\psi^{-1/4}, \beta'\right) - C_0 \right] J_0(\lambda\beta')\beta' \mathrm{d}\beta'}{\mathrm{e}^{-\frac{Pe_{\mathrm{c}}}{\psi}} \phi\left(1 + \frac{\lambda^2 \psi^{1/2}}{4Pe_{\mathrm{c}}}; 1; \frac{Pe_{\mathrm{c}}}{\psi}\right)} \tag{4-20}$$

式中，抛物线坐标系(α',β')中的界面 $\alpha' = \psi^{-1/4}$，近似为抛物线坐标系(α,β)中的界面 $\alpha = 1$。这一近似是合理的，因为界面的非等溶质特性对凝固行为的影响主要出现在溶质控制区域，即低凝固速度 V，使 $\psi \to 1$。此外，如上所述，枝晶尖端($\beta' = 0$)凝固行为仅受 $\beta' \sim 0$ 附近区域的影响。

在稳态条件下，溶质扩散平衡可描述为

$$V_{\mathrm{n}}\left[C_{\mathrm{L}}\left(\psi^{-1/4}, \beta'\right) - C_{\mathrm{S}}\left(\psi^{-1/4}, \beta'\right) \right] = -D_{\mathrm{L}} \vec{n} \cdot \nabla C_{\mathrm{L}}(\alpha', \beta') \Big|_{\alpha' = \psi^{-1/4}} \tag{4-21}$$

式中，$C_{\mathrm{S}}\left(\psi^{-1/4},\beta'\right)$ 为固体侧的界面溶质浓度(摩尔分数)；$\vec{n}$ 为界面法向的单位向量；∇ 为梯度算子。在抛物线坐标系(α',β',φ)中，$\vec{n}\cdot\nabla$ 可以描述为

$$\vec{n} \cdot \nabla = \frac{1}{r\left(1 + \beta'^2\right)^{1/2}} \frac{\partial}{\partial \alpha'} \tag{4-22}$$

将 $C_{\mathrm{L}}(\alpha',\beta')$ 的表达式[式(4-19)]代入扩散平衡方程[式(4-21)]，枝晶尖端的溶质浓度可以表示为

$$C_{\mathrm{L}}^{*} = C_{\mathrm{L}}\left(\psi^{-1/4}, 0\right) = \frac{C_0}{N_{\mathrm{c}}(Pe_{\mathrm{c}}) - \psi^{3/4}\left[1 - k(V)\right] \mathrm{Iv}(Pe_{\mathrm{c}} / \psi)} \tag{4-23}$$

式中，$N_{\mathrm{c}}(Pe_{\mathrm{c}})$ 定义为

$$N_{\mathrm{c}}(Pe_{\mathrm{c}}) = \mathrm{Iv}\left(\frac{Pe_{\mathrm{c}}}{\psi}\right) \int_0^{\infty}\int_0^{\infty} \frac{C_{\mathrm{L}}\left(\psi^{-1/4}, \beta'\right)}{C_{\mathrm{L}}\left(\psi^{-1/4}, 0\right)} J_0(\lambda\beta')\beta' \mathrm{d}\beta' \frac{\phi\left(1 + \frac{\lambda^2\psi^{1/2}}{4Pe_{\mathrm{c}}}; 2; \frac{Pe_{\mathrm{c}}}{\psi}\right)}{\phi\left(1 + \frac{\lambda^2\psi^{1/2}}{4Pe_{\mathrm{c}}}; 1; \frac{Pe_{\mathrm{c}}}{\psi}\right)} \lambda \mathrm{d}\lambda, \quad V < V_{\mathrm{D}} \tag{4-24a}$$

$$N_{\mathrm{c}}(Pe_{\mathrm{c}}) = 1, \quad V \geqslant V_{\mathrm{D}} \tag{4-24b}$$

式中，$\mathrm{Iv}(Pe_{\mathrm{c}} / \psi)$ 为 Ivantsov 函数。如果不考虑溶质扩散的弛豫效应，即参数 $\psi \equiv 1$，则本模型将简化为 3.2 节描述的模型。

4.1.4　边缘稳定性判据

为了唯一地确定稳态枝晶生长的凝固行为，固液界面形貌稳定性分析是自由枝晶生长模型的另一个重要组成部分。这里假定用边缘稳定理论来描述尖端曲率半径r。对于稀释二元合金，假设线性液相线和固相线，其尖端曲率半径r近似为

$$r=\frac{\Gamma/\sigma^*}{\frac{\Delta H_{\mathrm{f}}}{C_{\mathrm{p}}}Pe_{\mathrm{t}}\xi_{\mathrm{t}}+2m(V)C_{\mathrm{L}}^*(k-1)\frac{Pe_{\mathrm{c}}}{\psi^2}\xi_{\mathrm{c}}},\quad V<V_{\mathrm{D}} \tag{4-25a}$$

$$r=\frac{\Gamma/\sigma^*}{\frac{\Delta H_{\mathrm{f}}}{C_{\mathrm{p}}}Pe_{\mathrm{t}}\xi_{\mathrm{t}}},\quad V\geqslant V_{\mathrm{D}} \tag{4-25b}$$

式中，稳定常数$\sigma^*\approx 1/(4\pi^2)$；$\xi_{\mathrm{t}}$和$\xi_{\mathrm{c}}$定义为

$$\xi_{\mathrm{t}}=1-\frac{1}{\sqrt{1+\left(\sigma^* Pe_{\mathrm{t}}^2\right)^{-1}}} \tag{4-26}$$

$$\xi_{\mathrm{c}}=1+\frac{2k}{1-2k-\sqrt{1+\psi^2/\left(\sigma^* Pe_{\mathrm{c}}^2\right)^{-1}}},\quad V<V_{\mathrm{D}} \tag{4-27a}$$

$$\xi_{\mathrm{c}}=0,\quad V\geqslant V_{\mathrm{D}} \tag{4-27b}$$

到目前为止，考虑了界面的弛豫效应和界面非等温、非等溶质的影响，建立了完整的自由枝晶生长模型。它包含四个部分，即由式(4-1)～式(4-6)描述的界面响应函数，分别由式(4-13)和式(4-23)描述的经典传热、传质方程确定的解析解，以及尖端曲率半径[式(4-25a)和式(4-25b)]。同时求解这些方程，对于任何给定的总过冷度ΔT，可以唯一地确定凝固行为。

4.2　模 型 应 用

应用到$Cu_{70}Ni_{30}$合金，本节进行了模型比较，分析了非等温界面(4.2.1 小节)和非等溶质界面(4.2.2 小节)的影响，并对局部非平衡溶质扩散的弛豫效应进行了实验比较。计算所使用的热力学与动力学参数列于表 4-1。

表 4-1　用于模型计算的 $Cu_{70}Ni_{30}$ 合金的热力学与动力学参数[128]

参数	符号	数值	单位
平衡熔化温度	T_{M}	1513	K
熔化潜热	ΔH_{f}	2.317×10^5	J / kg

续表

参数	符号	数值	单位
液态合金比热容	C_p	576	$J/(kg\cdot K)$
毛细管常数	Γ	1.6×10^{-7}	$K\cdot m$
溶质扩散系数	D_L	6.0×10^{-9}	m^2/s
热扩散系数	α_L	3×10^{-6}	m^2/s
界面溶质扩散速度	V_{DI}	19	m/s
液相溶质扩散速度	V_D	19	m/s
平衡液相线斜率	m_L	–4.38	K/%
平衡溶质再分配系数	k_e	0.81	—
动力学系数	μ_0	1.4	$m/(s\cdot K)$

4.2.1 界面非等温的影响

图 4-2 中展示了界面温度与总过冷度 ΔT 的关系，并给出了界面非等温、非等溶质模型(当前模型)与等温模型、等溶质模型的比较。等温模型假定固液界面是等温和非等溶质的，即 $N_1 \equiv 1$ 和 $N_2 \equiv 1$。等溶质模型假设固液界面是等溶质和非等温的，即 $N_c \equiv 1$。此外，在当前模型中，由于温度沿界面的变化，当前模型预测界面温度 $T_L(1,0.5)$ 高于尖端温度 $T_L(1,0)$。也就是说，界面温度 $T_L(1,\beta)$ 沿枝晶界面从根部向尖端逐渐降低，如图 4-1 所示。这与本系列枝晶模型的预测结果是一致的。相比之下，等温模型不能描述这个物理现象。与等温界面条件相反，非

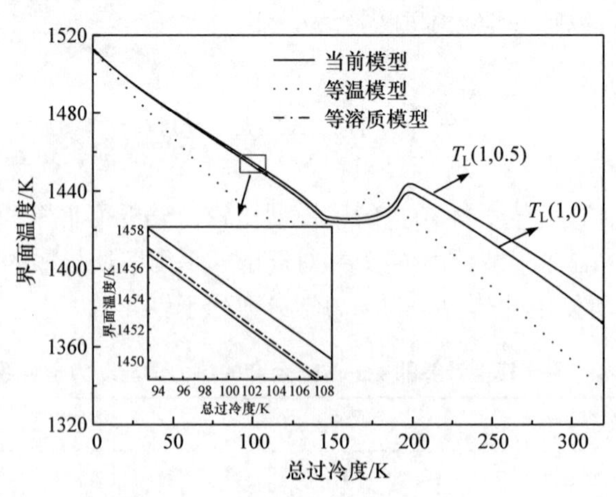

图 4-2 界面温度与总过冷度的关系

等温界面条件下沿界面的温度梯度导致了额外的侧向热扩散，即负温度梯度。因此，当前模型预测的枝晶尖端温度高于等温模型的预测值。此外，如图 4-2 所示，当前模型与等溶质模型预测的两条曲线几乎重合，这将在下一小节中讨论。

4.2.2　界面非等溶质的影响

对于当前模型和等溶质模型，枝晶界面尖端液相溶质浓度 C_L^* 与总过冷度 ΔT 的关系如图 4-3 所示。首先，在中间总过冷度区域，当前模型预测的 C_L^* 值略高于等溶质模型的预测值。这种差异是界面处溶质浓度的变化引起的，即界面的非等溶质特性，如图 4-1 所示。以 $\Delta T = 120\text{K}$ 为例，界面液相溶质浓度分布如图 4-4 所示。结果清晰地表明，界面液相溶质浓度沿界面向尖端方向逐渐下降，等溶质模型假定界面溶质浓度恒定。此外，沿界面的浓度梯度还导致了侧向溶质扩散。

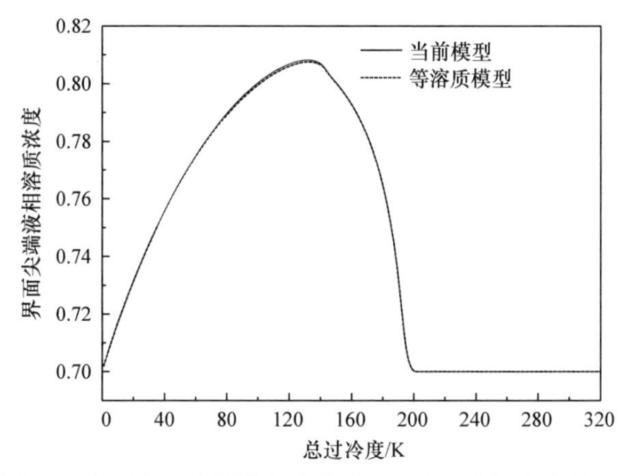

图 4-3　枝晶界面尖端液相溶质浓度与总过冷度的关系

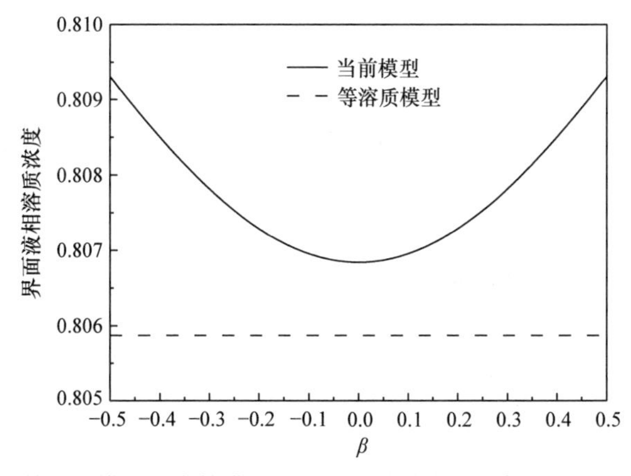

图 4-4　等溶质模型与当前模型界面液相溶质浓度分布($\Delta T = 120\text{K}$)

因此，在界面非等溶质条件下，在中间总过冷度区域，枝晶界面尖端液相溶质浓度比等溶质界面处略高。

其次，在低总过冷度和高总过冷度时，当前模型预测的枝晶尖端液相溶质浓度与等溶质模型预测值没有明显差异，如图 4-3 所示。从图 4-5 中可以更清楚地看到这个浓度差，并标记为ΔC。在低总过冷度下，当ΔT趋于 0 时，凝固速度$V \to 0$，使$V_{\mathrm{n}}(\beta) \to V$ [$0 < V_{\mathrm{n}}(\beta) < V$]以及$C_{\mathrm{L}}(1,\beta) \to C_{\mathrm{L}}(1,0)$。因此，低总过冷度情况下界面的非等溶质程度很小，浓度差异不明显。在高总过冷度情况下，由于溶质截留，界面的非等溶质程度随ΔT的增加而减小。当$V \geqslant V_{\mathrm{D}}$时，发生溶质完全截留，非平衡溶质再分配系数$k$等于 1。在此条件下，固液界面为等溶质，因此$\Delta C = 0$。

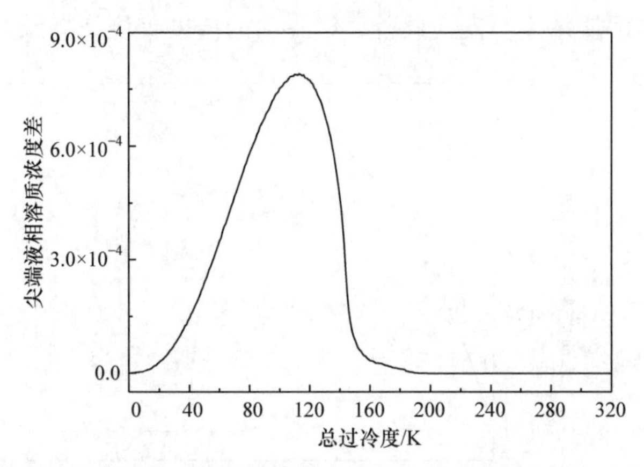

图 4-5　当前模型与等溶质模型预测的枝晶尖端液相溶质浓度差与总过冷度的关系

最后，需要强调的是，界面非等溶质对 $Cu_{70}Ni_{30}$ 合金的影响并不明显。在图 4-3 中，当前模型与等溶质模型预测的枝晶尖端液相溶质浓度曲线几乎重合。图 4-3 表明，即使在中间总过冷度区域，当前模型预测的尖端液相溶质浓度与等溶质模型预测的枝晶尖端液相溶质浓度之间的差异ΔC也非常小。例如，在ΔT为120K 左右时，即使ΔC最大，相对差$\Delta C / C_{\mathrm{L}}^{*}$也小于 0.001。在当前模型中，引入了参数$N_1$和$N_2$来表征界面非等温性质的影响，界面非等溶质的影响由参数N_{c}来表征。在等温、等溶质界面条件下，这三个参数均恒为 1。这三个参数与总过冷度的关系如图 4-6 和图 4-7 所示，可以看出，对于 $Cu_{70}Ni_{30}$ 合金，N_{c}值几乎恒为 1。因此，对于 $Cu_{70}Ni_{30}$ 合金，界面非等溶质性质的影响很小，可以忽略。

为了得到更加普遍的结论，图 4-7 给出了参数C_0和k_{e}三个不同取值的假想条件。结果表明，三种情况下N_{c}与 1 的最大偏差仅为 0.003 左右。因此，界面的非等溶质性质的影响确实可以忽略不计。这一结论可以进一步理解：根据参数$N_1(Pe_{\mathrm{t}})$、$N_2(Pe_{\mathrm{t}})$和$N_{\mathrm{c}}(Pe_{\mathrm{c}})$数学上的定义，即式(4-14)、式(4-15)和式(4-24a)，

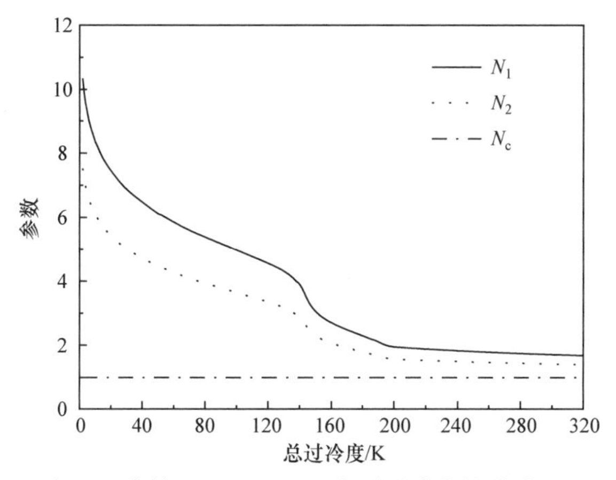

图 4-6　参数 N_1 、 N_2 和 N_c 与总过冷度的关系

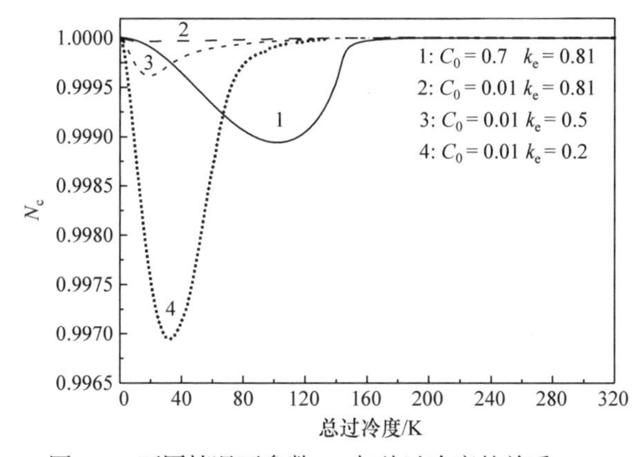

图 4-7　不同情况下参数 N_c 与总过冷度的关系

这些参数随 Pe_t 或 Pe_c 变化而变化，并且在佩克莱数足够大时趋于 1。图 4-6 和图 4-7 也表明了这一点。溶质扩散系数 D_L 通常比热扩散系数 α_L 小三个数量级；当 Pe_t 还相对较小时，Pe_c 已经足够大，当前模型可以得到参数 N_c 的一个近似值，约为 1。因此，界面非等溶质的影响很小。图 4-8 也验证了这一点，从中可以看出当前模型与等溶质模型的预测曲线几乎重合。

接下来讨论溶质扩散弛豫效应的影响。通常，溶质扩散系数 D_L 比热扩散系数 α_L 小三个数量级。因此，在自由枝晶生长过程中，液体中的热扩散是局部平衡的。相比之下，局域平衡溶质扩散只发生在总过冷度很低的情况下。高总过冷度时，扩散通量对应稳态值的弛豫时间 τ_D 不可忽视，局部非平衡的程度会随着凝固速度 V 增加而增加。当凝固速度 V 等于或大于溶质扩散速度 V_D [定义为 $V_D=(D_L/\tau_D)^{1/2}$]，溶质会因为扩散局部非平衡的弛豫效应而发生完全的截留。如图 4-8 所示，与没

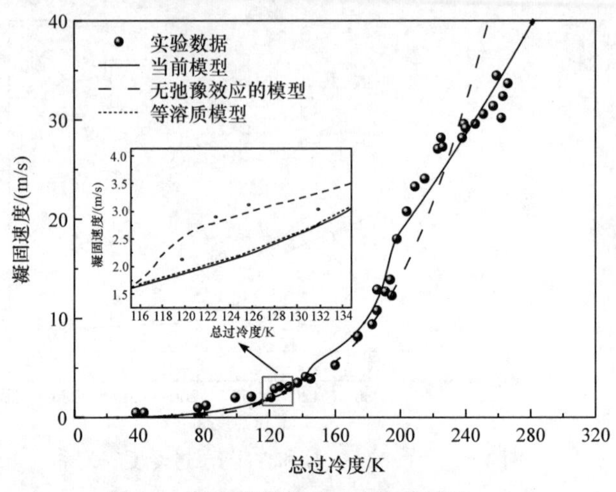

图 4-8 凝固速度与总过冷度的关系

有弛豫效应的模型(第 3 章所建立的模型)相比，考虑弛豫效应的模型对实验数据的描述更好，特别是在高总过冷度时。

4.3 本 章 小 结

同时考虑弛豫效应和界面非等温、非等溶质特性，本章建立了过冷单相二元合金熔体自由枝晶生长模型。通过模型比较，讨论了非等温界面、非等溶质界面的影响及溶质扩散局域非平衡的弛豫效应，主要结论如下。对当前模型与相应的等温界面模型进行对比分析，当前模型预测的包括枝晶尖端在内的非等温界面具有明显较高的界面温度，界面非等温特性的影响是显著的，在自由枝晶生长建模中应考虑到这一特性的影响。将当前模型与等溶质界面模型进行对比分析，发现界面非等溶质性质的影响很小，可以忽略不计。因此，为简便起见，考虑界面非等温特性和等溶质界面假设的自由枝晶生长模型是合理的。本章建立的模型同时考虑了局域非平衡溶质扩散的弛豫效应和界面非等温特性，能较好地与 $Cu_{70}Ni_{30}$ 合金的实验数据吻合，特别是在高总过冷度时，与第 3 章建立的忽略弛豫效应而只考虑界面非等温特性的模型相比拟合得更好。

第5章　基于微观可解性理论和非等温界面的枝晶凝固模型

枝晶凝固理论模型涉及溶质偏析、界面动力学(界面响应函数)、传热和传质过程及界面形貌稳定性四部分。第2章至第4章已建立的系列模型在前三部分不断完善，已将该系列模型提升到了考虑了界面非等温和非等溶质特性耦合影响及弛豫效应的枝晶凝固模型版本。关于界面形貌稳定性部分，上述模型共同基于传统的MarST，因其简单易用并能够给出较好的实验描述，现已获得了广泛使用。然而，MarST有其理论局限性，即假设相界面是各向同性的。在没有界面各向异性的情况下，稳态的旋转抛物面形貌便不能存在。换句话说，只有存在界面各向异性，才能保证稳态的旋转抛物面形貌，否则将发生如尖端分裂等非稳态情况。近年来，人们发现MicST更具物理本质，并在从源头考虑相界面的各向异性上展现了明显的优势。因此，为将该系列模型推向更完善的水平，本章将以微观可解性理论替换与现有理论框架不自洽的边缘稳定性理论，进行界面稳定性建模。由于MicST相对复杂，MicST与枝晶凝固模型的耦合尚属罕见，本章5.1节建立了基于微观可解性理论和非等温界面的纯金属枝晶凝固模型，以相对简化的情况进行初步尝试，为后续工作奠定基础[129]。同时，第4章的比较分析表明，由于热扩散系数通常比溶质扩散系数高三个数量级，相比于界面非等温特性，非等溶质性质的影响相对较小。为突出重点并权衡模型计算复杂度，本章5.2节假设等溶质界面并聚焦界面非等温特性，以进一步完善枝晶凝固系列模型。需要强调的是，不仅非平界面会引起界面的非等温特性，界面各向异性同样会引起界面的非等温特性。因此，5.2节的主要目标是基于MicST，充分考虑由非平界面和各向异性共同导致的界面非等温特性，建立完全自洽的过冷单相二元固溶体合金熔体枝晶凝固模型[130]。

5.1　纯金属枝晶凝固建模及分析

本节首先描述了能够处理固液界面非等温性质的界面响应函数。其次，以界面响应函数作为热扩散方程的边界条件，得到了描述非等温界面枝晶尖端温度的精确解。最后，采用MicST来替代MarST进行界面形貌稳定性分析，并给出枝晶尖端曲率半径的表达式。本节针对纯金属枝晶凝固情况，无界面处的溶质偏析和液相中的溶质扩散建模部分。综上，可建立基于微观可解性理论和非等温界面的纯金属枝晶凝固模型。

5.1.1 模型描述

对于稳态自由枝晶生长，枝晶尖端区域的界面形貌通常采用旋转抛物面来近似。为了计算方便，本章采用抛物线坐标系(α,β,φ)，$\alpha=1$代表固液界面。对于固液界面的不同位置(由坐标β来表征)，界面曲率$1/r(\beta)$和法向速度$V_{\mathrm{n}}(\beta)$也有所不同。考虑到固液界面的非等温特性，界面响应函数可以描述如下：

$$T_{\mathrm{L}}(1,\beta)=T_{\mathrm{m}}-\frac{\Gamma}{r}\frac{2+\beta^2}{\left(1+\beta^2\right)^{3/2}}-\frac{V}{\mu_0}\frac{1}{\left(1+\beta^2\right)^{1/2}} \tag{5-1}$$

式中，$T_{\mathrm{L}}(1,\beta)$为界面各处的温度(K)；T_{m}为纯金属的平衡熔化温度(K)；Γ为毛细管常数(K·m)；μ_0为动力学系数[m/(s·K)]；r为枝晶尖端的曲率半径(m)；V为轴向枝晶生长速度(m/s)，即凝固速度。式(5-1)在$\beta=0$时可以简化为等温假设的界面响应函数。

在自由枝晶生长过程中，由于相变潜热的不断释放，固液界面的温度会高于远离界面的液相温度，固液界面前沿液相中会存在温度梯度，进而产生液相中的热传导。当固液界面处的潜热产生与热传导维持平衡时，发生稳态枝晶凝固。忽略固相中的热传导，熔体中的传热现象可以用经典的扩散方程来描述：

$$\left(\alpha_{\mathrm{L}}\nabla^2-\frac{\partial}{\partial t}\right)T_{\mathrm{L}}(\alpha,\beta)=0 \tag{5-2}$$

式中，$T_{\mathrm{L}}(\alpha,\beta)$为液体的实际温度场(K)；$\alpha_{\mathrm{L}}$为液相中的热扩散系数(m^2/s)。为了便于数学推导，重新定义液相温度场$U_{\mathrm{L}}(\alpha,\beta)$：

$$U_{\mathrm{L}}(\alpha,\beta)=T_{\mathrm{L}}(\alpha,\beta)-T'_{\mathrm{L}}(\alpha) \tag{5-3}$$

式中，$T'_{\mathrm{L}}(\alpha)$为等温界面假设下的温度场(K)，由 Ivantsov 模型描述为

$$T'_{\mathrm{L}}(\alpha)=\frac{\Delta H_{\mathrm{f}}}{C_{\mathrm{p}}}Pe_{\mathrm{t}}\mathrm{e}^{Pe_{\mathrm{t}}}E_1\left(Pe_{\mathrm{t}}\alpha^2\right)+T_\infty \tag{5-4}$$

式中，ΔH_{f}为合金的熔化潜热(J/mol)；C_{p}为合金的比热容[J/(mol·K)]；E_1为指数积分函数；T_∞为过冷熔体中远离固液界面的温度(K)；Pe_{t}为热佩克莱数，定义为$Pe_{\mathrm{t}}=rV/(2\alpha_{\mathrm{L}})$(无量纲)。在固液界面（$\alpha=1$），$T'_{\mathrm{L}}(\alpha)=\Delta T_{\mathrm{t}}+T_\infty$，其中，$\Delta T_{\mathrm{t}}$为热过冷度(K)，定义为$\Delta T_{\mathrm{t}}=(\Delta H_{\mathrm{f}}/C_{\mathrm{p}})\mathrm{Iv}(Pe_{\mathrm{t}})$，$\mathrm{Iv}(Pe_{\mathrm{t}})$为 Ivantsov 函数。

采用抛物线坐标系(α,β,φ)和式(5-3)描述的$U_{\mathrm{L}}(\alpha,\beta)$，扩散方程[式(5-2)]可以

进一步改写如下：

$$\frac{\partial^2 U_{\mathrm{L}}}{\partial \alpha^2}+\left(\frac{1}{\alpha}+2Pe_{\mathrm{t}}\alpha\right)\frac{\partial U_{\mathrm{L}}}{\partial \alpha}+\frac{\partial^2 U_{\mathrm{L}}}{\partial \beta^2}+\frac{1}{\beta}\frac{\partial U_{\mathrm{L}}}{\partial \beta}=0 \tag{5-5}$$

式中，$-2Pe_{\mathrm{t}}\beta\partial U_{\mathrm{L}}/\partial\beta$ 项已被忽略。这种处理是合理的，因为枝晶尖端($\beta=0$)的凝固行为仅受 $\beta\sim 0$ 附近区域的影响。

忽略固相中的热扩散，界面处的热平衡可以描述为

$$V\Delta H_{\mathrm{f}}=-\frac{K_{\mathrm{L}}}{r}\partial T_{\mathrm{L}}(\alpha,\beta)/\partial\alpha|_{\alpha=1} \tag{5-6}$$

式中，K_{L} 为液体的导热系数[$\mathrm{J/(m\cdot s\cdot K)}$]。求解热扩散方程[式(5-5)]，能精确获得温度场 $U_{\mathrm{L}}(\alpha,\beta)$，令 $\beta=0$，最终得到枝晶尖端处的界面响应函数如下：

$$\Delta T=\frac{\Delta H_{\mathrm{f}}}{C_{\mathrm{p}}}\mathrm{Iv}(Pe_{\mathrm{t}})+\frac{2\Gamma}{r}N_2(Pe_{\mathrm{t}})+\frac{V}{\mu_0}N_1(Pe_{\mathrm{t}}) \tag{5-7}$$

式中，ΔT 为液体的总过冷度(K)，定义为 $T_{\mathrm{m}}-T_{\infty}$。参数 $N_1(Pe_{\mathrm{t}})$ 和 $N_2(Pe_{\mathrm{t}})$ 定义为

$$N_1(Pe_{\mathrm{t}})=\mathrm{Iv}(Pe_{\mathrm{t}})\int_0^{\infty}\mathrm{e}^{-\lambda}\frac{\phi\left(1+\frac{\lambda^2}{4Pe_{\mathrm{t}}};2;Pe_{\mathrm{t}}\right)}{\phi\left(1+\frac{\lambda^2}{4Pe_{\mathrm{t}}};1;Pe_{\mathrm{t}}\right)}\mathrm{d}\lambda \tag{5-8}$$

$$N_2(Pe_{\mathrm{t}})=\mathrm{Iv}(Pe_{\mathrm{t}})\int_0^{\infty}\mathrm{e}^{-\lambda}\frac{(1+\lambda)}{2}\frac{\phi\left(1+\frac{\lambda^2}{4Pe_{\mathrm{t}}};2;Pe_{\mathrm{t}}\right)}{\phi\left(1+\frac{\lambda^2}{4Pe_{\mathrm{t}}};1;Pe_{\mathrm{t}}\right)}\mathrm{d}\lambda \tag{5-9}$$

式中，$\phi(a;b;z)$ 为第二类合流超几何函数。如果令参数 $N_1(Pe_{\mathrm{t}})$ 和 $N_2(Pe_{\mathrm{t}})$ 恒等于1，式(5-7)简化为等温固液界面假设的模型。

基于非等温界面边界条件下的热扩散场求解，式(5-7)给出了在给定总过冷度 ΔT 情况下尖端曲率半径 r 与凝固速度 V 之间的关系。为了唯一确定稳态枝晶凝固行为，需要建立另一个 r 与 V 之间的关系。可以用固液界面形貌稳定性判据来建立上述关系。Langer 和 Müller-Krumbhaar 引入了一个在小佩克莱数情况下的稳定性判据，描述为 $Vr^2=$ 常数。选择性判据参数 σ 定义为[116]

$$\sigma=\frac{2d_0\alpha_{\mathrm{L}}}{r^2V}=\frac{d_0}{rPe_{\mathrm{t}}} \tag{5-10}$$

式中，d_0 为毛细管长度(capillary length)(m)，定义为 $d_0=\Gamma C_{\mathrm{p}}/\Delta H_{\mathrm{f}}$。

根据 Langer 和 Müller-Krumbhaar 的理论，枝晶尖端的曲率半径可以用最短的扰动波长 λ_s 来近似($\lambda_s = 2\pi / \omega$ ， ω 为扰动波数)。在固液界面上施加一个正弦式扰动 $z = \delta(t)\sin(\omega x)$ ，基于线性形貌稳定性分析，MarST 所确定的最终稳定性判据可描述为

$$\sigma = \sigma^* \xi_t = \sigma^* \left\{ 1 - \left[1 + \left(\sigma^* Pe_t^2 \right)^{-1} \right]^{1/2} \right\} \tag{5-11}$$

式中， σ^* 为无量纲稳定性常数， $\sigma^* \approx 1/(4\pi^2)$ 。该模型有其理论局限性，其假设固液界面是各向同性的。在该假设下，理论上将不存在稳定的固液界面形貌[135-136]。需要界面各向异性，至少是界面能各向异性，才能保证固液界面的稳态形貌。考虑到界面能各向异性，MicST 成功地处理了形貌稳定性问题，并给出了如下稳定性判据：

$$\sigma = \sigma_0 \alpha_d^{\frac{7}{4}} \xi_t = \sigma_0 \alpha_d^{\frac{7}{4}} \frac{1}{\left(1 + a_1 \sqrt{\alpha_d} Pe_t \right)^2} \tag{5-12}$$

式中， α_d 为界面能各向异性强度(无量纲)； σ_0 为选择性常数(无量纲)； a_1 为用 σ_0 定义的常数， $a_1 = (8\sigma_0 / 7)^{1/2} (3/56)^{3/8}$ (无量纲)。因此，采用 MicST 替换 MarST 更具物理意义。

至此，考虑固液界面的非等温性质，基于 MicST，本章建立了完整的纯金属自由枝晶生长模型。它可以简化为两个独立的方程[式(5-7)和式(5-12)]。在给定总过冷度 ΔT 情况下，通过对这两个方程进行数值求解，可以唯一确定凝固速度 V 和尖端曲率半径 r ，进而得到沿固液界面的温度分布 $T_L(1, \beta)$ 。

5.1.2 模型应用

本小节通过模型对比，分析了非等温界面的影响，以及本章建立的基于 MicST 非等温界面的枝晶凝固模型与现有的基于 MarST 非等温界面的枝晶凝固模型之间的差异，并将模型预测与现有实验结果进行了对比。应用到纯物质白磷，所使用的热力学与动力学参数如表 5-1 所示，计算结果见图 5-1～图 5-5。

表 5-1 模型计算中白磷的热力学与动力学参数

参数	符号	数值	单位
平衡熔化温度	T_m	317.1	K
超过冷度	$\Delta H_f / C_p$	25.6	K
毛细管常数	Γ	4.277×10^{-9}	K·m

续表

参数	符号	数值	单位
热扩散系数	α_L	1.302×10^{-7}	m^2/s
动力学系数	μ_0	0.17	$m/(s\cdot K)$
界面能各向异性强度	α_d	0.15	—
毛细管长度	d_0	2.073×10^{-8}	m
选择性常数	σ_0	80	—

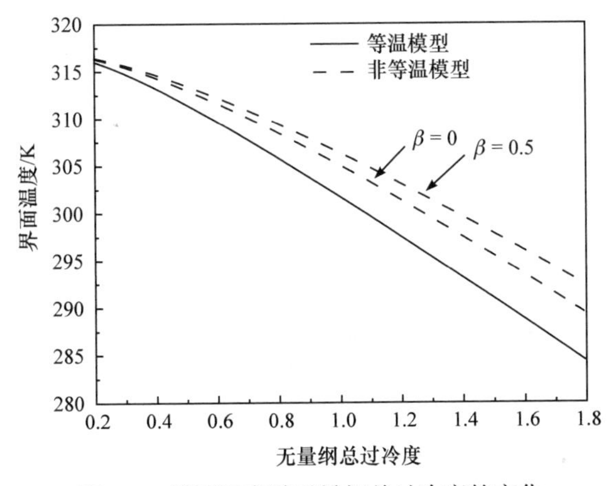

图 5-1　界面温度随无量纲总过冷度的变化

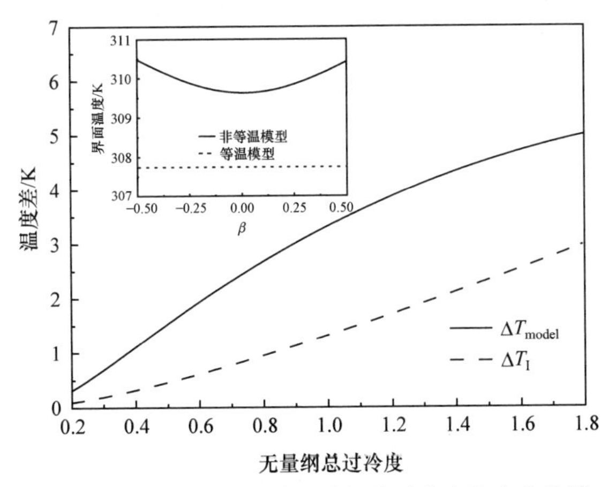

图 5-2　ΔT_{model} 和 ΔT_I 随无量纲总过冷度的变化曲线

小图中显示了无量纲总过冷度 $\Delta\Theta=0.7$ 时界面温度 $T_L(1,\beta)$ 和 $T_L'(\beta)$ 沿界面不同 β 处的分布

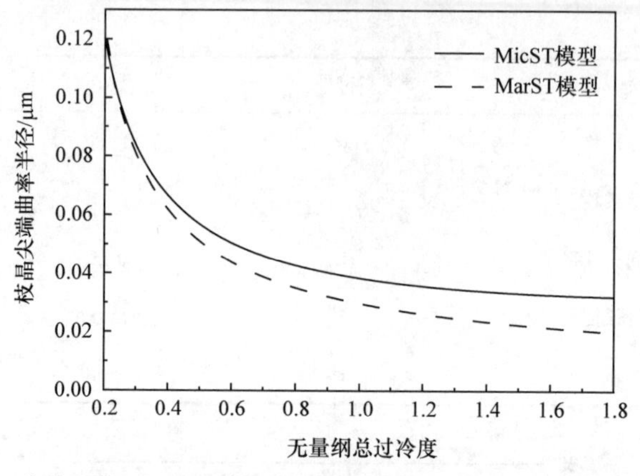

图 5-3　非等温模型预测的枝晶尖端曲率半径与无量纲总过冷度的关系

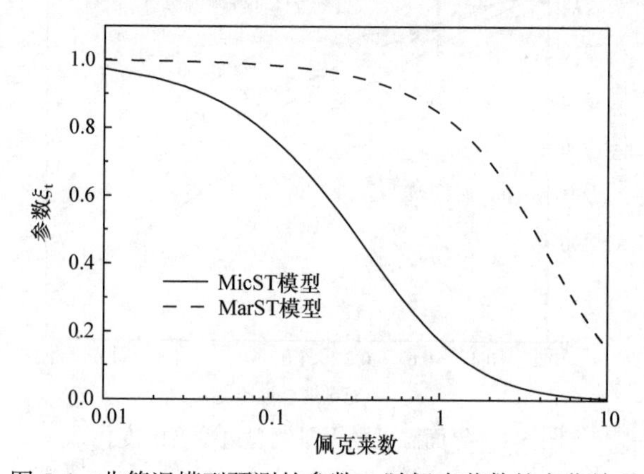

图 5-4　非等温模型预测的参数 ξ_t 随佩克莱数的变化关系

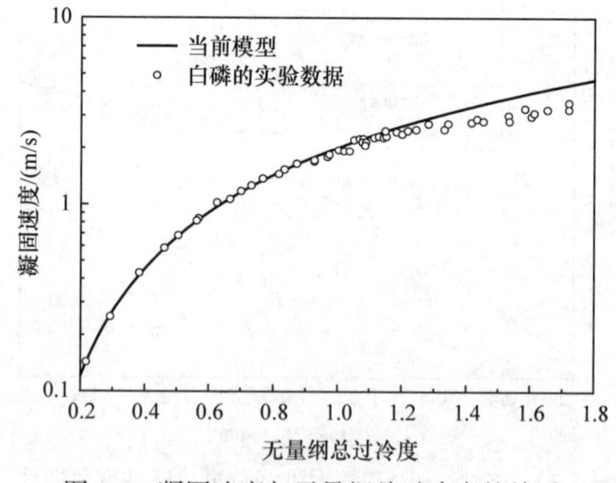

图 5-5　凝固速度与无量纲总过冷度的关系

为表述方便，将本章建立的非等温界面枝晶凝固模型和作为对比的等温界面假设枝晶凝固模型分别简称为非等温模型和等温模型。非等温模型和等温模型的界面温度随无量纲总过冷度 $\Delta\Theta$ 的变化如图 5-1 所示。无量纲总过冷度定义为 $\Delta\Theta = \Delta TC_{\mathrm{p}} / \Delta H_{\mathrm{f}}$。为揭示非等温固液界面的影响，图中非等温模型和等温模型都采用了 MicST 理论。对于非等温模型，由于温度沿界面而变化，图中给出了枝晶尖端($\beta=0$)和 $\beta=0.5$ 处的界面温度 T_{L}；同时给出了固液界面等温假设下由等温模型预测的枝晶尖端温度。结果表明，界面温度 $T_{\mathrm{L}}(1,0.5)$ 高于非等温模型预测的尖端温度 $T_{\mathrm{L}}(1,0)$。为了更清楚地展示固液界面的非等温性质，图 5-2 中小图给出了无量纲总过冷度 $\Delta\Theta=0.7$ 时沿界面的温度分布(β 取不同值)。可以看出，沿着界面存在一个温度梯度，温度沿着界面从尖端向枝晶根部逐渐升高。这种梯度会产生额外的侧向热扩散，进而使枝晶尖端温度升高。因此，与没有额外侧向热扩散的等温模型相比(如图 5-2 中小图所示，界面温度为常数)，非等温模型给出相对更高的包括枝晶尖端在内的界面温度预测。为进一步讨论，定义 $\Delta T_{\mathrm{model}}$ 为非等温模型与等温模型计算的枝晶尖端温度之差，$\Delta T_{\mathrm{model}} = T_{\mathrm{L}}(1,0) - T'_{\mathrm{L}}(1)$；定义 ΔT_{I} 为非等温界面 $\beta=0.5$ 处和 $\beta=0$ 处的温度差值，$\Delta T_{\mathrm{I}} = T_{\mathrm{L}}(1,0.5) - T_{\mathrm{L}}(1,0)$。图 5-2 表明，随着无量纲总过冷度的增加，$\Delta T_{\mathrm{I}}$ 和 $\Delta T_{\mathrm{model}}$ 也随之增加。这证实了当前非等温模型预测的相对更高的枝晶尖端温度是由沿界面的温度变化引起的，即沿非等温界面存在温度梯度。

为了比较 MarST 和 MicST 对自由枝晶生长模型的影响，图 5-3 展示了枝晶尖端曲率半径与无量纲总过冷度的关系。两个模型都考虑了非等温的固液界面，通过式(5-11)和式(5-12)的比较，其主要区别在于参数 ξ_{t} 的表达式。MarST 和 MicST 预测的 ξ_{t} 随佩克莱数的变化关系如图 5-4 所示。图 5-3 表明，在较低总过冷度时，两个模型预测的曲率半径与较高总过冷度时相比差异较小，其原因如下。当总过冷度很小时，佩克莱数也足够小以满足条件 $d_0 \ll r \ll l$，其中 l 为扩散长度，定义为 $2D_{\mathrm{L}} / V$。根据 Langer 的工作，对于小的佩克莱数，Vr^2 为常数的稳定性准则是合理的，选择性判据参数 σ 可以写成 $\sigma=[\lambda_{\mathrm{s}} / (2\pi r)]^2$，其中 $\lambda_{\mathrm{s}} = 2\pi\sqrt{ld_0}$，是导致平界面出现 Mullin-Sekerka 不稳定性的最短扰动波长。在 $d_0 \ll r \ll l$ 的情况下 Langer 和 Müller-Krumbhaar 得出，枝晶尖端固液界面可以稳定($r \equiv \lambda_{\mathrm{s}}$)。如图 5-4 所示，当佩克莱数足够小时，MarST 和 MicST 模型的 ξ_{t} 近似于 1。因此，在比较低的 $\Delta\Theta$ 情况下，MarST 和 MicST 的稳定性判据可以简化为 Langer 和 Müller-Krumbhaar 给出的 Vr^2 为常数的判据。从图 5-3 和图 5-4 可以看出，随着 $\Delta\Theta$ 的增大，MarST 和 MicST 模型预测结果之间的区别越来越显著。在自由枝晶生长建模时应该考虑到这一显著的差异。

图 5-5 展示了凝固速度 V 与无量纲总过冷度的关系。动力学系数 μ_0 和毛细管

常数作为拟合参数处理，并且在合理的范围之内取值。参数 σ_0 作为选择性常数也进行了相应的调整，以使计算结果和实验数据能够更好地拟合。在 $\Delta\Theta \leqslant 1.2$ 时，当前模型的预测结果与实验数据吻合较好；高总过冷度时，预测结果与实验数据产生偏差可能有两个原因。首先，某些参数可能随温度而变化，如 α_L、Γ 和 μ_0。随着 $\Delta\Theta$ 的增加，凝固速度 V 增大。当 V 足够大时，材料在凝固过程中的缺陷增加，从而使固体的熵增大。这意味着有效热力学驱动力减小，最终导致凝固速度 V 减小。其次，在高过冷度时，枝晶生长的固液界面形貌由树枝晶转变为扇形结构(scalloped structure)。也就是说这种状态下不能保持旋转抛物面的形态稳定性，此时超出当前模型的预测范围。

5.2　过冷单相二元固溶体合金熔体枝晶凝固建模及分析

5.2.1　模型描述

本小节建立了能够处理界面能各向异性和动力学生长各向异性，以及非平面界面引起的界面曲率和法向速度变化的界面响应函数。以新的界面响应函数作为热扩散方程的边界条件，重新求解并得到了枝晶尖端温度的解析解。忽略非等溶质效应，采用了以往模型中常用的溶质扩散方程的解。根据 Galenko 关于微观可解性理论的稳定性判据的结果，建立了更加自洽的二元合金自由枝晶生长模型。

对于稳态自由枝晶生长，枝晶尖端区域的界面形貌通常采用旋转抛物面来近似。如图 5-6 所示，沿固液界面的曲率和法向速度连续变化，晶体的取向也不同。这导致了界面各点曲率和动力学过冷度的变化，并引起界面能各向异性和动力学生长各向异性。

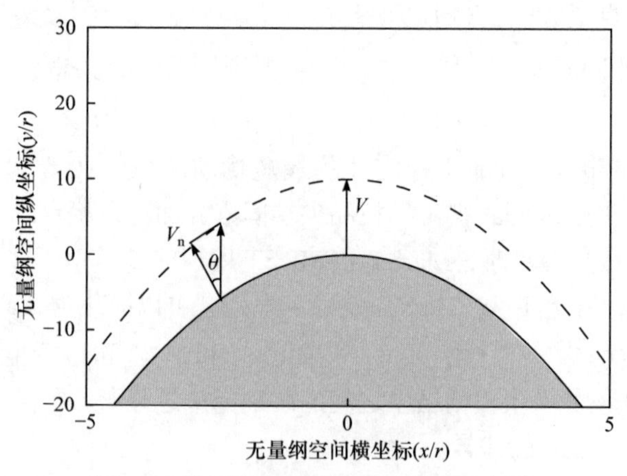

图 5-6　非平界面法向速度依赖性示意图

$x^2 = -2ry$，r 为尖端曲率半径

考虑到界面的上述性质，在等溶质界面假设下，改进后的界面响应函数为

$$T_{\mathrm{L}}\left[\zeta(\theta)\right]=T_{\mathrm{M}}-\frac{\Delta H_{\mathrm{f}}}{C_{\mathrm{p}}}d(\theta)\kappa(\theta)-\tilde{\beta}(\theta)V_{\mathrm{n}}(\theta)-\left[m_{\mathrm{L}}C_0-m(V)C_{\mathrm{L}}^{*}\right] \tag{5-13}$$

式中，θ 为枝晶界面法向与枝晶生长方向之间的夹角；$\zeta(\theta)$ 表示固液界面；$T_{\mathrm{L}}\left[\zeta(\theta)\right]$ 为界面温度(K)；T_{M} 为溶质浓度为 C_0 的二元合金熔化温度(K)；ΔH_{f} 为熔化潜热(J / mol)；C_{p} 为液态合金比热容[J /（mol·K）]；m_{L} 为平衡液相线斜率(K / %)；V 为凝固速度(m / s)；C_{L}^{*} 为枝晶尖端液相侧的溶质浓度(摩尔分数)。此外，各向异性毛细管长度 $d(\theta)$ (m)、各向异性生长动力学系数 $\tilde{\beta}(\theta)$ (s·K / m)、界面曲率 $\kappa(\theta)$、界面法向速度 $V_{\mathrm{n}}(\theta)$ (m / s)和动力学液相线斜率 $m(V)$ (K / %)定义如下：

$$d(\theta)=d_0\left[1-\alpha_{\mathrm{d}}\cos 4\left(\theta-\theta_{\mathrm{d}}\right)\right] \tag{5-14}$$

$$\tilde{\beta}(\theta)=\tilde{\beta}\left[1-\alpha_{\beta}\cos 4\left(\theta-\theta_{\beta}\right)\right] \tag{5-15}$$

$$\kappa(\theta)=\frac{1}{r}\left(\cos\theta+\cos^3\theta\right) \tag{5-16}$$

$$V_{\mathrm{n}}(\theta)=V\cos\theta \tag{5-17}$$

$$m(V)=\frac{m_{\mathrm{L}}}{1-k_{\mathrm{e}}}\left\{1-k(V)+\left[1-k(V)\right]^2\frac{V_{\mathrm{n}}}{V_{\mathrm{D}}}+\ln\frac{k(V)}{k_{\mathrm{e}}}\right\},\quad V<V_{\mathrm{D}} \tag{5-18a}$$

$$m(V)=\frac{m_{\mathrm{L}}}{k_{\mathrm{e}}-1}\ln k_{\mathrm{e}},\quad V\geqslant V_{\mathrm{D}} \tag{5-18b}$$

式中，d_0 为毛细管长度(m)；$\tilde{\beta}$ 为动力学系数(s·K / m)；α_{d} 为界面能各向异性强度(无量纲)；α_{β} 为动力学各向异性强度(无量纲)；θ_{d} 和 θ_{β} 分别为生长方向与 $d(\theta)$ 和 $\tilde{\beta}(\theta)$ 取最小值方向之间的夹角；r 为尖端曲率半径(m)；V_{D} 为液相溶质扩散的速度(m / s)；k_{e} 和 k 分别为平衡溶质再分配系数和非平衡溶质再分配系数(无量纲)。非平衡溶质再分配系数 $k(V)$ 定义如下：

$$k(V)=\frac{k_{\mathrm{e}}\psi-V/V_{\mathrm{DI}}}{\psi-V/V_{\mathrm{DI}}},\quad V<V_{\mathrm{D}} \tag{5-19a}$$

$$k(V)=1,\quad V\geqslant V_{\mathrm{D}} \tag{5-19b}$$

式中，V_{DI} 为界面溶质扩散速度(m / s)。当 $V<V_{\mathrm{D}}$ 时，$\psi=1-V^2/V_{\mathrm{D}}^2$；当 $V\geqslant V_{\mathrm{D}}$ 时，$\psi=0$。式(5-13)可以简化为

$$T_{\mathrm{L}}(\theta)=T_{\mathrm{M}}-\frac{\Delta H_{\mathrm{f}}}{C_{\mathrm{p}}}\frac{d_0}{r}f_1(\theta)-\tilde{\beta}Vf_2(\theta)-\left[m_{\mathrm{L}}C_0-m(V)C_{\mathrm{L}}^{*}\right] \tag{5-20}$$

式中，参数 $f_1(\theta)$ 和 $f_2(\theta)$ 定义为

$$f_1(\theta)=\left(\cos\theta+\cos^3\theta\right)\left[1-\alpha_{\rm d}+8\alpha_{\rm d}\cos^2(\theta-\theta_{\rm d})-8\alpha_{\rm d}\cos^4(\theta-\theta_{\rm d})\right] \tag{5-21}$$

$$f_2(\theta)=\cos\theta\left[1-\alpha_\beta+8\alpha_\beta\cos^2\left(\theta-\theta_\beta\right)-8\alpha_\beta\cos^4\left(\theta-\theta_\beta\right)\right] \tag{5-22}$$

用抛物线坐标系(α,β,φ)中 $\alpha=1$ 代表固液界面是比较方便的，由此可得到抛物线坐标系下的界面响应函数为

$$T_{\rm L}(1,\beta)=T_{\rm M}-\frac{\Delta H_{\rm f}}{C_{\rm p}}\frac{d_0}{r}f_1(\beta)-\tilde{\beta}Vf_2(\beta)-\left[m_{\rm L}C_0-m(V)C_{\rm L}^*\right] \tag{5-23}$$

式中，参数 $f_1(\beta)$ 和 $f_2(\beta)$ 定义为

$$f_1(\beta)=(1-\alpha_{\rm d})\left(1+\beta^2\right)^{-\frac{1}{2}}+(1+7\alpha_{\rm d})\left(1+\beta^2\right)^{-\frac{3}{2}}-8\alpha_{\rm d}\left(1+\beta^2\right)^{-\frac{7}{2}} \tag{5-24}$$

$$f_2(\beta)=\left(1+\alpha_\beta\right)\left(1+\beta^2\right)^{-\frac{1}{2}}-8\alpha_\beta\left(1+\beta^2\right)^{-\frac{3}{2}}+8\alpha_\beta\left(1+\beta^2\right)^{-\frac{5}{2}} \tag{5-25}$$

这里采用了 $\theta_{\rm d}=0$ 和 $\theta_\beta=\pi/4$ 的假设，即将界面能最小的方向假设为界面迁移方向。界面响应函数可以用式(5-23)～式(5-25)描述，给出了 $T_{\rm L}(1,\beta)$ 、r 、V 和 $C_{\rm L}^*$ 之间的关系。若忽略非平界面和各向异性的影响，现有界面响应函数[式(5-23)]可简化为 GD 模型，其中，令 $\alpha_{\rm d}\equiv 0$ ，$\alpha_\beta\equiv 0$ 和 $\beta=0$ ，有

$$T_{\rm I}=T_{\rm M}-\frac{\Delta H_{\rm f}}{C_{\rm p}}\frac{2d_0}{r}-\tilde{\beta}V-\left[m_{\rm L}C_0-m(V)C_{\rm L}^*\right] \tag{5-26}$$

式中，$T_{\rm I}$ [$T_{\rm L}(1,0)$]为枝晶尖端的界面温度(K)。

在自由枝晶生长过程中，界面前的液相中存在热扩散，保证了枝晶的稳态生长。忽略固体中的热扩散和液相中的对流，热扩散现象可以用经典的 Fick 扩散方程描述为

$$\left(\alpha_{\rm L}\nabla^2-\frac{\partial}{\partial t}\right)T_{\rm L}(x,y,z,t)=0 \tag{5-27}$$

式中，$T_{\rm L}$ 为笛卡儿坐标系(x,y,z)中液相的温度(K)；$\alpha_{\rm L}$ 为液相中热扩散系数($\rm m^2/s$)。在抛物线坐标系中，式(5-27)可以整理为

$$\frac{\partial^2 T_{\rm L}}{\partial\alpha^2}+\left(\frac{1}{\alpha}+2Pe_{\rm t}\alpha\right)\frac{\partial T_{\rm L}}{\partial\alpha}+\frac{\partial^2 T_{\rm L}}{\partial\beta^2}+\frac{1}{\beta}\frac{\partial T_{\rm L}}{\partial\beta}=0 \tag{5-28}$$

式中，$Pe_{\rm t}$ 为热佩克莱数(无量纲)，定义为 $Pe_{\rm t}=rV/(2\alpha_{\rm L})$ 。

为了求解式(5-28)，采用分离变量法将其分为贝塞尔方程和合流超几何方程。方程可以进一步整理为

$$T_{\mathrm{L}}(\alpha,\beta)=\mathrm{e}^{-Pe_{\mathrm{t}}\alpha^2}\int_0^{\infty}A_{\mathrm{t}}(\lambda)\phi\left(1+\frac{\lambda^2}{4Pe_{\mathrm{t}}};1;Pe_{\mathrm{t}}\alpha^2\right)J_0(\lambda\beta)\mathrm{d}\lambda+T_{\infty} \tag{5-29}$$

式中，T_{∞} 为无穷远处过冷熔体温度(K)，作为积分常数；$\phi(a;b;z)$ 为第二类合流超几何函数；J_0 为第一类零阶贝塞尔函数；$A_{\mathrm{t}}(\lambda)$ 为待定系数(无量纲)。对坐标 β 做汉克尔变换，结合边界条件[式(5-23)]，$A_{\mathrm{t}}(\lambda)$ 可以进一步确定为

$$A_{\mathrm{t}}(\lambda)=\frac{\left\{T_{\mathrm{M}}-T_{\infty}-\left[m_{\mathrm{L}}C_0-m(V)C_{\mathrm{L}}^*\right]\right\}\delta(\lambda)-\mathrm{e}^{-\lambda}\left[\dfrac{\Delta H_{\mathrm{f}}}{C_{\mathrm{p}}}\dfrac{d_0}{r}f_1(\lambda)+\tilde{\beta}Vf_2(\lambda)\right]}{\mathrm{e}^{-Pe_{\mathrm{t}}}\phi\left(1+\lambda^2/(4Pe_{\mathrm{t}});1;Pe_{\mathrm{t}}\right)} \tag{5-30}$$

式中，$\delta(\lambda)$ 为常见的 δ 函数；$f_1(\lambda)$ 和 $f_2(\lambda)$ 定义为

$$f_1(\lambda)=(1-\alpha_{\mathrm{d}})+\left(1+\frac{27}{5}\alpha_{\mathrm{d}}\right)\lambda-\frac{8}{5}\alpha_{\mathrm{d}}\lambda^2-\frac{8}{15}\alpha_{\mathrm{d}}\lambda^3 \tag{5-31}$$

$$f_2(\lambda)=(1+\alpha_{\beta})-\frac{16}{3}\alpha_{\beta}\lambda+\frac{8}{3}\alpha_{\beta}\lambda^2 \tag{5-32}$$

此外，根据稳态条件，固液界面非等温特性下的热扩散平衡方程可以表示为

$$V_{\mathrm{n}}(\beta)\Delta H_{\mathrm{f}}=-K_{\mathrm{L}}\vec{n}\cdot\nabla T_{\mathrm{L}}(\alpha,\beta)\big|_{\alpha=1} \tag{5-33}$$

式中，K_{L} 为忽略液相对流时液体的热导率[$\mathrm{J/(m\cdot s\cdot K)}$]；$\vec{n}$ 为界面法向的单位向量(m/s)；∇ 为梯度算子。将式(5-29)描述的温度场代入热扩散平衡方程[式(5-33)]，令 $\beta=0$，最终得到如下结果：

$$\Delta T=\frac{\Delta H_{\mathrm{f}}}{C_{\mathrm{p}}}\mathrm{Iv}(Pe_{\mathrm{t}})+\frac{\Delta H_{\mathrm{f}}}{C_{\mathrm{p}}}\frac{2d_0}{r}N_1(Pe_{\mathrm{t}})+\tilde{\beta}VN_2(Pe_{\mathrm{t}})+\left[m_{\mathrm{L}}C_0-m(V)C_{\mathrm{L}}^*\right] \tag{5-34}$$

式中，参数 $N_1(Pe_{\mathrm{t}})$ 和 $N_2(Pe_{\mathrm{t}})$ 定义为

$$N_1(Pe_{\mathrm{t}})=\mathrm{Iv}(Pe_{\mathrm{t}})\int_0^{\infty}\mathrm{e}^{-\lambda}\frac{f_1(\lambda)}{2}\frac{\phi\left(1+\lambda^2/(4Pe_{\mathrm{t}});2;Pe_{\mathrm{t}}\right)}{\phi\left(1+\lambda^2/(4Pe_{\mathrm{t}});1;Pe_{\mathrm{t}}\right)}\mathrm{d}\lambda \tag{5-35}$$

$$N_2(Pe_{\mathrm{t}})=\mathrm{Iv}(Pe_{\mathrm{t}})\int_0^{\infty}\mathrm{e}^{-\lambda}f_2(\lambda)\frac{\phi\left(1+\lambda^2/(4Pe_{\mathrm{t}});2;Pe_{\mathrm{t}}\right)}{\phi\left(1+\lambda^2/(4Pe_{\mathrm{t}});1;Pe_{\mathrm{t}}\right)}\mathrm{d}\lambda \tag{5-36}$$

在界面能和动力学生长各向同性假设下，式(5-34)～式(5-36)可以简化为第 5 章仅考虑由非平界面引起的界面非等温特性模型。需要强调的是，这里过冷度的定义与等温界面模型的定义相同。总过冷度 ΔT 可以定义如下：

$$\Delta T = \Delta T_t + \Delta T_c + \Delta T_n + \Delta T_r + \Delta T_k \tag{5-37}$$

式中，$\Delta T_t = T_I - T_\infty$ 为热过冷度(K)；$\Delta T_c = m(V)\left(C_L^* - C_0\right)$ 为溶质过冷度(K)；$\Delta T_n = \left[m_L - m(V)\right]C_0$ 为平衡液相线斜率变化引起的过冷度(K)；$\Delta T_r = \left(\Delta H_f / C_p\right)\left(2d_0 / r\right)$ 为吉布斯-汤姆逊效应引起的曲率过冷度(K)；$\Delta T_k = \tilde{\beta} V$ 为对应于动力学系数 $\tilde{\beta}$ 的动力学过冷度(K)。结合式(5-34)和式(5-37)，热过冷度的表达式可以描述为

$$\Delta T_t = \frac{\Delta H_f}{C_p}\mathrm{Iv}\left(Pe_t\right) + \Delta T_r\left[N_1\left(Pe_t\right) - 1\right] + \Delta T_k\left[N_2\left(Pe_t\right) - 1\right] \tag{5-38}$$

若假设界面等温，令 $N_1 \equiv 1$ 和 $N_2 \equiv 1$，式(5-38)简化为经典的 Ivantsov 结果：

$$\Delta T_t = \frac{\Delta H_f}{C_p}\mathrm{Iv}\left(Pe_t\right) \tag{5-39}$$

对于液相中的溶质扩散，在沿固液界面的等溶质假设情况下，枝晶尖端溶质浓度可以描述为

$$C_L^* = \frac{C_0}{1 - \left[1 - k(V)\right]\mathrm{Iv}\left(Pe_c\right)}, \quad V < V_D \tag{5-40a}$$

$$C_L^* = C_0, \quad V \geqslant V_D \tag{5-40b}$$

式中，Pe_c 为溶质佩克莱数(无量纲)，定义为 $Pe_c = rV / (2D_L)$，D_L 为液相中溶质扩散系数(m^2/s)。

为了使模型更加优化且相对自洽，在形貌稳定性分析中同样应考虑结晶各向异性。在过去的几十年里，MarST 因其简单且与实验数据吻合良好而被材料科学家和工程师广泛应用。但该理论基于各向同性界面假设，界面的各向同性将产生尖端分裂等非稳态形貌，这导致与稳态界面形貌的不一致性。MicST 更具物理本质，并且在从源头考虑相界面的各向异性上展现了明显的优势。基于 MicST，根据 Alexandrov 等[107]的结果可得

$$\sigma = \frac{2d_0\alpha_L}{r^2 V} = \sigma_0 \alpha_d^{\frac{7}{4}}\left\{\frac{1}{\left[1 + a_1\sqrt{\alpha_d}P_t\left(1 + \delta_0\alpha_L\beta_0 / d_0\right)\right]^2} + \frac{2m(V)C_L^*\left[1 - k(V)\right]D_{TC} / T_Q}{\left[1 + a_2\sqrt{\alpha_d}Pe_c^*\left(1 + \delta_0 D_L\beta_0 / d_{0CD}\right)\right]^2}\right\}, \quad V < V_D \tag{5-41a}$$

$$\sigma = \frac{2d_0 D_L}{r^2 V} = \sigma_0 \alpha_d^{\frac{7}{4}} \frac{1}{\left[1 + a_1 \sqrt{\alpha_d} Pe_t \left(1 + \delta_0 D_L \beta_0 / d_0\right)\right]^2}, \quad V \geqslant V_D \tag{5-41b}$$

式中，σ 为选择性判据参数(无量纲)；σ_0 为选择性常数(无量纲)；D_{TC} 定义为 $D_{TC} = \alpha_L / D_L$；Pe_c^* 定义为 $Pe_c^* = Pe_c / \sqrt{\psi}$；$T_Q$ 定义为 $T_Q = \Delta H_f / C_p$；a_1 为由 σ_0 定义的常数(无量纲)，$a_1 = (8\sigma_0 / 7)^{1/2} (3/56)^{3/8}$；$a_2 = \sqrt{2} a_1$；$\delta_0 = 1$；$d_{0CD}$ 为化学毛细管长度(m)。为了更便于使用，式(5-41)可以进一步改写为

$$r = \frac{d_0 T_Q}{\sigma_0 \alpha_d^{7/4}} \frac{1}{T_Q \xi_t Pe_t + 2m(V) C_L^* \left[1 - k(V)\right] \xi_c Pe_c}, \quad V < V_D \tag{5-42a}$$

$$r = \frac{d_0 T_Q}{\sigma_0 \alpha_d^{7/4}} \frac{1}{T_Q \xi_t Pe_t}, \quad V \geqslant V_D \tag{5-42b}$$

式中，ξ_t 和 ξ_c 定义为

$$\xi_t = \frac{1}{\left[1 + a_1 \sqrt{\alpha_d} Pe_t \left(1 + \delta_0 \alpha_L \beta_0 / d_0\right)\right]^2} \tag{5-43}$$

$$\xi_c = \frac{1}{\left[1 + a_2 \sqrt{\alpha_d} Pe_c^* \left(1 + \delta_0 D_L \beta_0 / d_{0CD}\right)\right]^2} \tag{5-44}$$

至此，已经建立了完整的自由枝晶生长模型。由于模型的各个部分都考虑了晶体各向异性和非平界面引起的界面非等温特性，因此模型具有较好的自洽性。

5.2.2　模型应用

应用到 $Cu_{70}Ni_{30}$ 合金，将当前模型预测结果与实验数据对比，结果如图 5-7

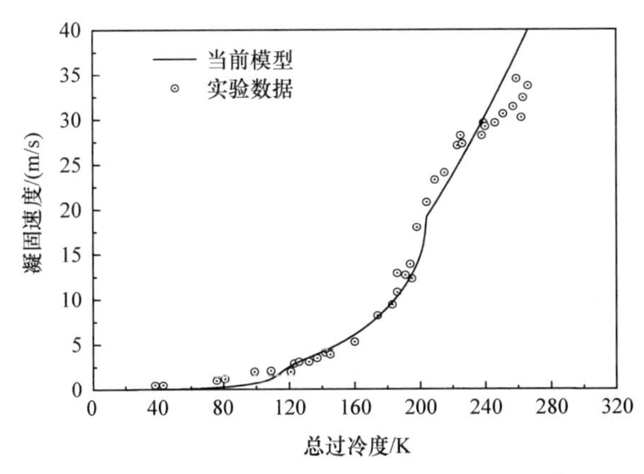

图 5-7　$Cu_{70}Ni_{30}$ 合金枝晶凝固速度与总过冷度的关系[133-134]

所示。可以看出，本章所建立的模型对实验数据有较好的描述。本小节通过模型比较，分析了晶体各向异性对界面能各向异性和动力学生长各向异性的影响，以及非平界面对曲率和法向速度沿界面方向变化的影响。本小节计算所使用的热力学与动力学参数列于表 5-2。

表 5-2　在模型计算中使用的 $Cu_{70}Ni_{30}$ 合金热力学与动力学参数

参数	符号	数值	单位
平衡熔化温度	T_M	1513	K
Cu 的初始浓度	C_0	70%	—
熔化潜热	ΔH_f	2.317×10^5	J / kg
液态合金比热容	C_p	576	$J/(kg\cdot K)$
毛细管长度	d_0	6×10^{-10}	m
化学毛细管长度	d_{0CD}	3.34×10^{-9}	m
溶质扩散系数	D_L	6.0×10^{-9}	m^2/s
热扩散系数	α_L	3×10^{-6}	m^2/s
界面溶质扩散速度	V_{DI}	11.5	m / s
溶质扩散速度	V_D	18.9	m / s
液相线斜率	m_e	–4.38	K / %
平衡溶质再分配系数	k_e	0.81	—
动力学系数	$\tilde{\beta}$	0.588	$s\cdot K/m$
界面能各向异性强度	α_d	0.1	—
动力学生长各向异性强度	α_β	0.1	—
选择性常数	σ_0	3	—

为了分析结晶各向异性和非平界面的影响，图 5-8 中给出了模型预测的尖端温度与总过冷度 ΔT 的关系，涉及的模型有本章建立的考虑了非平界面及结晶各向异性影响的枝晶模型(简称“模型 1”)，考虑了非平界面及结晶各向同性影响的枝晶模型(简称“模型 2”)及 Galenko 等提出的等温界面和结晶各向同性假设的枝晶模型(简称“模型 3”)。需要强调的是，模型 2 采用与模型 1 和模型 3 相同的微观可解性模型[式(5-42)]。这意味着当设定式(5-31)和式(5-32)中 $\alpha_d=0$ 和 $\alpha_\beta=0$ 时，模型 1 简化为模型 2，并且参数 N_1 和 N_2 简化为

$$N_1\left(Pe_t\right)=\mathrm{Iv}\left(Pe_t\right)\int_0^{\infty}\mathrm{e}^{-\lambda}\frac{1+\lambda}{2}\frac{\phi\left(1+\lambda^2/\left(4Pe_t\right);2;Pe_t\right)}{\phi\left(1+\lambda^2/\left(4Pe_t\right);1;Pe_t\right)}\mathrm{d}\lambda \tag{5-45}$$

$$N_2\left(Pe_t\right)=\mathrm{Iv}\left(Pe_t\right)\int_0^{\infty}\mathrm{e}^{-\lambda}\frac{\phi\left(1+\lambda^2/\left(4Pe_t\right);2;Pe_t\right)}{\phi\left(1+\lambda^2/\left(4Pe_t\right);1;Pe_t\right)}\mathrm{d}\lambda \tag{5-46}$$

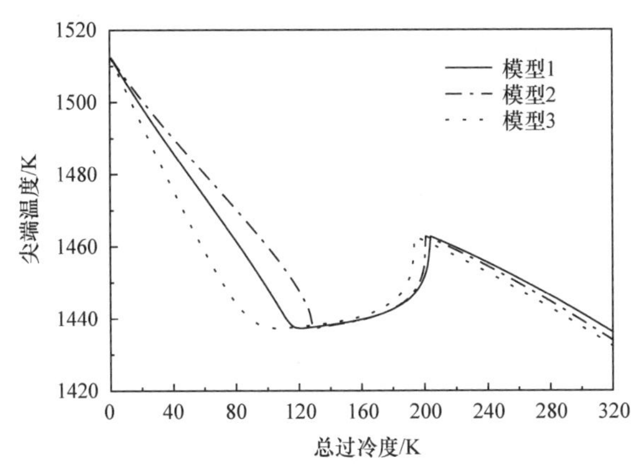

图 5-8　尖端温度与总过冷度的关系

此外，假设 $N_1\equiv1$ 和 $N_2\equiv1$ 时，模型 1 可以简化为模型 3。因此，参数 N_1 和 N_2 可以分别反映由界面能各向异性和动力学生长各向异性引起的模型 1 和模型 2 间的模型差异。通过比较模型 2 和模型 3，参数 N_1 和 N_2 也可以分别揭示沿界面变化的曲率和法向速度的影响。如式(5-13)所示，结晶各向异性[$d(\theta)$ 和 $\tilde{\beta}(\theta)$]和非平界面[$\kappa(\theta)$ 和 $V_n(\theta)$]是决定界面非等温的两方面因素，最终通过式(5-38)决定尖端温度和热过冷度($\Delta T_t=T_I-T_{\infty}$)。

首先，通过模型 1 与模型 2 的比较，讨论界面能各向异性和动力学生长各向异性对界面温度的影响。如图 5-8 所示，在低总过冷度时，模型 1 预测的尖端温度比模型 2 预测的要低；在高总过冷度时相反，模型 1 预测的更高。这个现象可以解释如下。由式(5-38)可知，参数 N_1 和 N_2 越大，热过冷度 ΔT_t 越高(即尖端温度 T_I 越高，$\Delta T_t=T_I-T_{\infty}$)。两个模型的参数 N_1 和 N_2 与总过冷度的关系如图 5-9 所示。在整个总过冷度范围，模型 1 的参数 N_1 比模型 2 的参数 N_1 要小。同时，模型 1 给出的参数 N_2 比模型 2 给出的参数 N_2 大。此外，如式(5-38)所示，N_1 和 N_2 的值对热过冷度 ΔT_t 的影响取决于曲率过冷度 ΔT_r 和动力学过冷度 ΔT_k 的相对大小。如图 5-10 所示，对于模型 1，展示了各过冷度分数随总过冷度的变化关系。在低总过冷度时，曲率过冷度 ΔT_r 远大于动力学过冷度 ΔT_k； N_1 值对 ΔT_t 的影响明显更大。因此，与模型 2 相比，在较低总过冷度时模型 1 预测的尖端温度相对较低，这主要是由于N_1值相对较小。同样，在高总过冷度时，由于$\Delta T_k \gg \Delta T_r$，$N_2$的值是决定$\Delta T_t$的主要因素。如图 5-8 所示，高总过冷度时$N_2$值相对较大，使模型 1 给出的尖端温度相对较高。

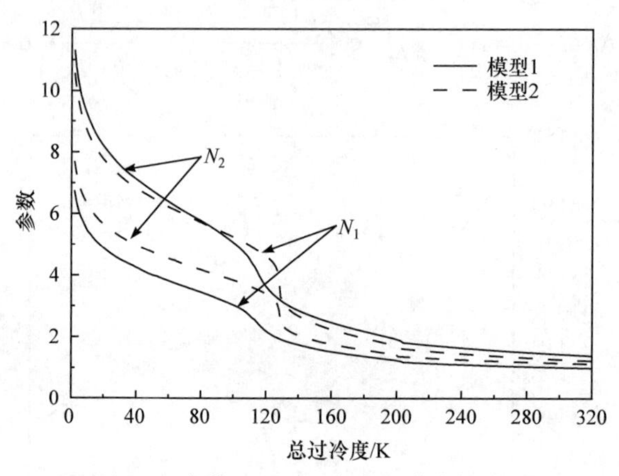

图 5-9　参数N_1和N_2与总过冷度的关系

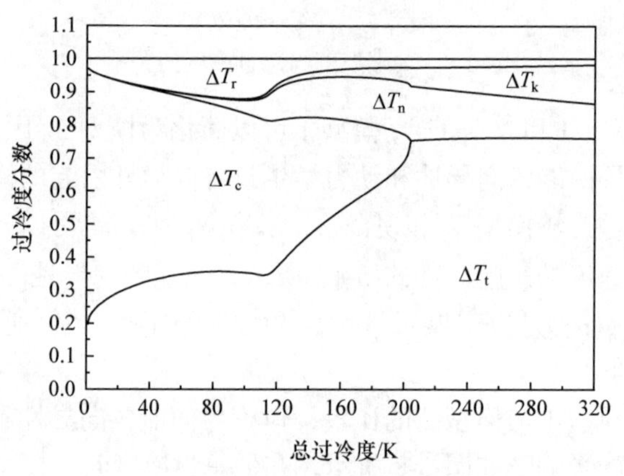

图 5-10　过冷度分数与总过冷度的关系

其次，进一步讨论界面能各向异性强度α_d和动力学生长各向异性强度α_β的影响。根据式(5-35)和式(5-36)，参数N_1和N_2与热佩克莱数Pe_t的关系分别如图 5-11 和图 5-12 所示。$\alpha_d = 0$和$\alpha_\beta = 0$代表模型 2 的情况。如式(5-13)～式(5-17)所示，四个参数$d(\theta)$、$\tilde{\beta}(\theta)$、$\kappa(\theta)$和$V_n(\theta)$是决定界面非等温程度的因素。曲率$\kappa(\theta)$和法向速度$V_n(\theta)$随θ的增大而减小[式(5-16)和式(5-17)]。结果表明，从枝晶尖端($\theta = 0$)沿固液界面温度逐渐升高，并进一步导致向枝晶尖端的侧向热扩散。沿界面的非等温程度越明显，N_1和N_2的值越大，尖端温度越高，热过冷度也越高。从图 5-8 可以看出，在低总过冷度和高总过冷度下，模型 2 预测的尖端温度都高于等温界面模型 3。假设 $\theta_{\beta}=\pi/4$ 时，各向异性动力学系数 $\tilde{\beta}(\theta)$ 也是提高界面非等温程度的因素。随着 α_{β} 的增加，参数 N_2 也随之增加，如图 5-12 所示。相反，假设界面能最小的方向为界面偏移方向，则各向异性毛细管长度 $d(\theta)$ 随着夹角 θ 的增大而增大。由式(5-13)可知，这使温度从尖端($\theta=0$)沿固液界面下降。因此，由界面能各向异性引起的各向异性毛细管长度 $d(\theta)$ 是削弱界面非等温程度的因素。此外，界面能各向异性强度 α_{d} 越大，$d(\theta)$ 的影响越显著。

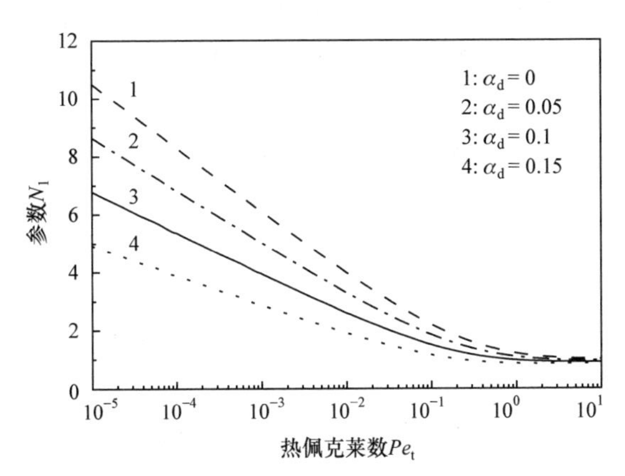

图 5-11　参数 N_1 与热佩克莱数 Pe_t 的关系

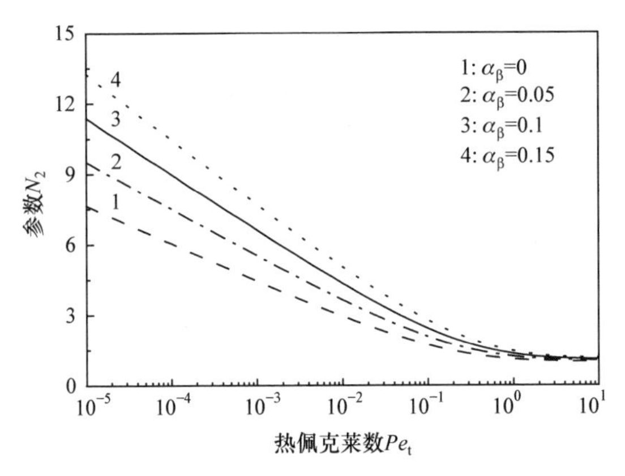

图 5-12　参数 N_2 与热佩克莱数 Pe_t 的关系

最后，在热佩克莱数相同的情况下，参数 N_1 随着 α_{d} 的增大而减小，如图 5-11 所示。需要强调的是，本小节的上述讨论基于 $\theta_{d}=0$ 和 $\theta_{\beta}=\pi/4$ 的假设。在其他条件下，也可以用模型 1 进行类似的分析。

5.3 本章小结

本章引入固液界面非等温特性，基于微观可解性理论，建立了纯金属的自由枝晶生长模型。对比分析表明，该模型与实验数据吻合较好。通过将本章建立的基于 MicST 的非等温界面枝晶凝固模型与基于 MicST 的等温界面假设枝晶凝固模型比较，表明非等温界面的枝晶凝固模型给出更高的尖端温度预测。这与其他章节得出的结论一致，主要是由于非等温界面的温度梯度引起的侧向热扩散。将本章建立的基于 MicST 的非等温界面枝晶凝固模型与第 3 章已建立的基于 MarST 的界面非等温自由枝晶生长模型进行了比较，结果表明当佩克莱数足够小时，MarST 与 MicST 之间的区别可以忽略。随着佩克莱数的增加，MarST 和 MicST 稳定性判据之间的区别越来越明显。这进一步说明本章基于 MicST 进行非等温界面枝晶凝固建模的必要性。

考虑到结晶各向异性的影响，即界面能各向异性和动力学生长各向异性，并考虑非平界面的影响，即曲率和法向速度沿界面的变化，基于 MicST 进行形貌稳定性分析，建立了真正自洽的二元合金自由枝晶生长模型。应用于 $Cu_{70}Ni_{30}$ 合金，本模型能较好地描述 $Cu_{70}Ni_{30}$ 合金的实验数据。与仅考虑了非平界面引起的界面非等温并且假设结晶各向同性的枝晶模型相比，低总过冷度时当前模型预测了相对较低的尖端温度。此时，界面能各向异性是决定界面非等温程度的主要因素，随着界面能各向异性强度的增大，界面非等温程度减小。非等温程度越大，尖端温度越高。同时，与上述模型相比，高过冷度下当前模型预测了相对较高的尖端温度。这是因为动力学生长各向异性是影响界面非等温程度的主要因素，随着动力学生长各向异性强度的增加，非等温程度增大。

第6章 对流效应影响下的枝晶凝固模型

作为系列工作，第2章至第4章基于传统的边缘稳定性理论，进行界面形貌稳定性建模；第5章引入了更具物理本质并从源头上考虑了相界面各向异性的微观可解性理论，进行界面形貌稳定性建模。第2章至第4章所考虑的界面非等温、非等溶质特性是由非平界面引起的；第5章考虑的界面非等温特性是由非平界面和各向异性共同引起的。可见，该系列建模工作层层深入。已知凝固过程中热对流现象十分普遍，其对凝固最终微结构会产生实质影响。作为本书第一部分系列枝晶凝固建模工作的尾声，本章在第5章的基础上进一步建立考虑了对流效应的枝晶凝固模型[131]。

6.1 模型描述

6.1.1 液相中的热扩散

本章采用具有自由移动相边界的非线性斯特藩(Stefan)扩散问题来描述流体流动情况下的枝晶生长。对流可以用 Navier-Stokes 方程来描述：

$$(\omega\cdot\nabla)\omega=-\frac{1}{\rho}\nabla P+\eta\nabla^2\omega,\quad \nabla\cdot\omega=0 \tag{6-1}$$

式中，ω 为流体流速($\mathrm{m/s}$)；∇ 为向量梯度算子；ρ 为密度；P 为压力；η 为流体的黏度($\mathrm{m^2/s}$)。考虑到液体中的对流，忽略固体中的扩散，热扩散现象可以用扩展的 Fick 扩散方程描述为

$$\frac{\partial T_{\mathrm{L}}}{\partial t}+(\omega\cdot\nabla)T_{\mathrm{L}}=\alpha_{\mathrm{L}}\nabla^2 T_{\mathrm{L}} \tag{6-2}$$

式中，T_{L} 为液体中的温度(K)；α_{L} 为液体中的热扩散系数($\mathrm{m^2/s}$)。

在过冷熔体稳态枝晶生长的条件下，枝晶尖端的固液界面区域可以近似为旋转抛物面。用抛物线坐标系(α,β,φ)代替笛卡儿坐标系(x,y,z)求解液相中的温度场和溶质场较为方便。采用坐标转换：$x=r\alpha\beta\cos\varphi$，$y=r\alpha\beta\sin\varphi$，$z'=0.5r\left(\alpha^2-\beta^2\right)$。其中，$z'=(z-Vt)$ 为将参考坐标系固定在移动界面上的转换，V 为 z 方向的凝固速度，t 为时间。$\alpha=1$ 表示具有尖端曲率半径 r 的固液界面。熔

体中的温度场和溶质场分别由 $T_{\mathrm{L}}(\alpha,\beta)$ 和 $C_{\mathrm{L}}^{*}(\alpha,\beta)$ 来表示。这里坐标 φ 由于旋转对称可以不用考虑。使用抛物线坐标系(α,β,φ)，式(6-2)改写如下：

$$u_{\alpha}\alpha\frac{\partial T_{\mathrm{L}}}{\partial\alpha}+u_{\beta}\beta\frac{\partial T_{\mathrm{L}}}{\partial\beta}=\frac{d_{\mathrm{L}}}{r}\left(\frac{\partial^{2}T_{\mathrm{L}}}{\partial\alpha^{2}}+\frac{1}{\alpha}\frac{\partial T_{\mathrm{L}}}{\partial\alpha}+\frac{\partial^{2}T_{\mathrm{L}}}{\partial\beta^{2}}+\frac{1}{\beta}\frac{\partial T_{\mathrm{L}}}{\partial\beta}\right) \tag{6-3}$$

式中， u_{α} 和 u_{β} 是枝晶界面与过冷熔体之间相对速度的法向和切向分量，分别定义为

$$u_{\alpha}=-(V+U)+\frac{Ug(\alpha)}{\alpha} \tag{6-4}$$

$$u_{\beta}=(V+U)+U\frac{\mathrm{d}}{\mathrm{d}\alpha}\left[\alpha g(\alpha)\right] \tag{6-5}$$

式中， U 为远离界面的流体流速， $g(\alpha)$ 描述如下：

$$g(\alpha)=\frac{\alpha E_{1}\left(\dfrac{Re\alpha^{2}}{2}\right)}{E_{1}\left(\dfrac{Re}{2}\right)}-\frac{\exp\left(-\dfrac{Re}{2}\right)-\exp\left(-\dfrac{Re\alpha^{2}}{2}\right)}{Re\alpha E_{1}\left(\dfrac{Re}{2}\right)} \tag{6-6}$$

式中， Re 为由 $Re=rU/\eta$ 定义的雷诺数，指数函数 $E_{1}(z)$ 定义如下：

$$E_{1}(z)=\int_{z}^{\infty}\frac{\mathrm{e}^{-t}}{t}\mathrm{d}t \tag{6-7}$$

由于式(6-6)定义的 $g(\alpha)$ 表达式的复杂性，很难得到式(6-3)的精确解。为了讨论液体中对流对热扩散场的影响，采用了 $g(\alpha)=1/\alpha$ 的简化形式。这与理想流体相对应，相关讨论见 6.2.1 小节。于是式(6-3)可以改写为

$$\frac{\partial^{2}T_{\mathrm{L}}}{\partial\alpha^{2}}+\left(\frac{1-2Pe_{\mathrm{tf}}}{\alpha}+2Pe_{\mathrm{t0}}\alpha\right)\frac{\partial T_{\mathrm{L}}}{\partial\alpha}+\frac{\partial^{2}T_{\mathrm{L}}}{\partial\beta^{2}}+\frac{1}{\beta}\frac{\partial T_{\mathrm{L}}}{\partial\beta}=0 \tag{6-8}$$

式中，$Pe_{\mathrm{t0}}=Pe_{\mathrm{t}}+Pe_{\mathrm{tf}}$ ，Pe_{t} 是由 $Pe_{\mathrm{t}}=rV/(2\alpha_{\mathrm{L}})$ 定义的热佩克莱数(无量纲)；Pe_{tf} 是由 $Pe_{\mathrm{tf}}=rU/(2\alpha_{\mathrm{L}})$ 定义的热流佩克莱数(无量纲)。与其他章节类似，这个方程中有一项 $-2Pe_{\mathrm{t0}}\beta\partial T_{\mathrm{L}}/\partial\beta$ 被忽略，因为枝晶尖端($\beta=0$)的凝固行为仅受 β～0 附近区域的影响。

采用分离变量法，将式(6-8)分为贝塞尔方程和合流超几何方程，其解可描述为

$$T(\alpha,\beta)=\int_{0}^{\infty}A_{\mathrm{t}}(\lambda)\mathrm{e}^{-P_{\mathrm{t0}}\alpha^{2}}\phi\left(1-P_{\mathrm{tf}}+\frac{\lambda^{2}}{4P_{\mathrm{t0}}};1-P_{\mathrm{tf}};P_{\mathrm{t0}}\alpha^{2}\right)J_{0}(\lambda\beta)\mathrm{d}\lambda+T_{\infty} \tag{6-9}$$

式中，$\phi(a;b;z)$ 为第二类合流超几何函数； $J_{0}(z)$ 为第一类的零阶贝塞尔函数； T_{∞}

为无穷远处过冷熔体的温度(作为积分常数，K)；$A_t(\lambda)$为待定参数(无量纲)。考虑到非平界面和晶体各向异性引起的界面非等温性质，在界面等溶质假设下，界面响应函数可表示为

$$T_L(1,\beta)=T_M-\frac{\Delta H_f}{C_p}\frac{2d_0}{r}f_1(\beta)-\tilde{\beta}Vf_2(\beta)-\left[m_LC_0-m(V)C_L^*\right] \tag{6-10}$$

式中，$T_L(1,\beta)$为界面温度(K)；T_M为具有初始浓度C_0的二元合金平衡熔化温度(K)；ΔH_f为熔化潜热(J/mol)；C_p为液态合金比热容[J/(mol·K)]；d_0为毛细管长度(m)；$\tilde{\beta}$为动力学系数(s·K/m)；m_L为平衡液相线的斜率(K/%)；C_L^*为尖端溶质浓度(摩尔分数)。此外，假设$\theta_d=0$，$\theta_\beta=\pi/4$的情况下，动力学液相线斜率$m(V)$、参数$f_1(\beta)$及$f_2(\beta)$定义如下：

$$f_1(\beta)=(1-\alpha_d)\left(1+\beta^2\right)^{-\frac{1}{2}}+(1+7\alpha_d)\left(1+\beta^2\right)^{-\frac{3}{2}}-8\alpha_d\left(1+\beta^2\right)^{-\frac{7}{2}} \tag{6-11}$$

$$f_2(\beta)=\left(1+\alpha_\beta\right)\left(1+\beta^2\right)^{-\frac{1}{2}}-8\alpha_\beta\left(1+\beta^2\right)^{-\frac{3}{2}}+8\alpha_\beta\left(1+\beta^2\right)^{-\frac{5}{2}} \tag{6-12}$$

$$m(V)=\frac{m_L}{1-k_e}\left\{1-k(V)+\left[1-k(V)\right]^2\frac{V_n}{V_D}+\ln\frac{k(V)}{k_e}\right\},\quad V<V_D \tag{6-13a}$$

$$m(V)=\frac{m_L}{k_e-1}\ln k_e,\quad V\geqslant V_D \tag{6-13b}$$

$$k(V)=\frac{k_e\psi-\dfrac{V}{V_{DI}}}{\psi-\dfrac{V}{V_{DI}}},\quad V<V_D \tag{6-14a}$$

$$k(V)=1,\quad V\geqslant V_D \tag{6-14b}$$

式中，α_d和α_β为各向异性的强度(无量纲)；V_D为液体中的溶质扩散速度(m/s)；k_e和k分别为平衡溶质再分配系数和非平衡溶质再分配系数(无量纲)；V_{DI}为界面处溶质扩散速度(m/s)；当$V<V_D$时，$\psi=1-V^2/V_D^2$，当$V\geqslant V_D$时，$\psi=0$。

通过对坐标β进行汉克尔变换，结合式(6-9)和式(6-10)，$A_t(\lambda)$可进一步确定如下：

$$A_t(\lambda)=\frac{\left\{(T_M-T_\infty)-\left[m_LC_0-m(V)C_L^*\right]\right\}\delta(\lambda)-\dfrac{\Delta H_f 2d_0}{C_p r}F_1(\lambda)-\tilde{\beta}VF_2(\lambda)}{e^{-Pe_{t0}}\phi\left(1-Pe_{tf}+\dfrac{\lambda^2}{4Pe_{t0}};1-Pe_{tf};Pe_{t0}\right)} \tag{6-15}$$

式中，$\delta(\lambda)$ 是常见的狄拉克 δ 函数，$F_1(\lambda)$ 和 $F_2(\lambda)$ 定义如下：

$$F_1(\lambda)=(1-\alpha_{\rm d})+\left(1+\frac{27}{5}\alpha_{\rm d}\right)\lambda-\frac{8}{5}\alpha_{\rm d}\lambda^2-\frac{8}{15}\alpha_{\rm d}\lambda^3 \tag{6-16}$$

$$F_2(\lambda)=(1+\alpha_\beta)-\frac{16}{3}\alpha_\beta\lambda+\frac{8}{3}\alpha_\beta\lambda^2 \tag{6-17}$$

另外，在非等温的固液界面处采用热扩散平衡方程，有

$$V_{\rm n}(\beta)\Delta H_{\rm f}=-K_{\rm L}\vec{n}\cdot\nabla T_{\rm L}(\alpha,\beta)|_{\alpha=1} \tag{6-18}$$

式中，$K_{\rm L}$ 为没有熔体对流时液体的导热系数$[{\rm J}/({\rm m\cdot s\cdot K})]$；$\vec{n}$ 为垂直于界面的单位向量。将式(6-9)中描述的温度场代入式(6-18)中，尖端处($\beta=0$)的最终结果如下：

$$\Delta T=\frac{\Delta H_{\rm f}}{C_{\rm p}}{\rm Iv}(Pe_{\rm t},Pe_{\rm tf})+\frac{\Delta H_{\rm f}}{C_{\rm p}}\frac{2d_0}{r}N_1(Pe_{\rm t},Pe_{\rm tf})+\tilde{\beta}VN_2(Pe_{\rm t},Pe_{\rm tf})+m_{\rm L}C_0-m(V)C_{\rm L}^* \tag{6-19}$$

扩展的 Ivantsov 函数 ${\rm Iv}(Pe_{\rm t},Pe_{\rm tf})$、参数 $N_1(Pe_{\rm t},Pe_{\rm tf})$ 及 $N_2(Pe_{\rm t},Pe_{\rm tf})$ 定义为

$${\rm Iv}(Pe_{\rm t},Pe_{\rm tf})=\frac{Pe_{\rm t}}{Pe_{\rm t0}}\frac{\phi(1-Pe_{\rm tf};1-Pe_{\rm tf};Pe_{\rm t0})}{\phi(1-Pe_{\rm tf};2-Pe_{\rm tf};Pe_{\rm t0})}=Pe_{\rm t}{\rm e}^{Pe_{\rm t0}}\int_1^\infty\frac{{\rm e}^{-Pe_{\rm t0}\alpha}}{\alpha^{1-Pe_{\rm tf}}}{\rm d}\alpha \tag{6-20}$$

$$N_1(Pe_{\rm t},Pe_{\rm tf})=\frac{\phi(1-Pe_{\rm tf};1-Pe_{\rm tf};Pe_{\rm t0})}{\phi(1-Pe_{\rm tf};2-Pe_{\rm tf};Pe_{\rm t0})}\int_0^\infty{\rm e}^{-\lambda}\frac{F_1(\lambda)}{2}\frac{\phi\left(1-Pe_{\rm tf}+\lambda^2/(4Pe_{\rm t0});2-Pe_{\rm tf};Pe_{\rm t0}\right)}{\phi\left(1-Pe_{\rm tf}+\lambda^2/(4Pe_{\rm t0});1-Pe_{\rm tf};Pe_{\rm t0}\right)}{\rm d}\lambda \tag{6-21}$$

$$N_2(Pe_{\rm t},Pe_{\rm tf})=\frac{\phi(1-Pe_{\rm tf};1-Pe_{\rm tf};Pe_{\rm t0})}{\phi(1-Pe_{\rm tf};2-Pe_{\rm tf};Pe_{\rm t0})}\int_0^\infty{\rm e}^{-\lambda}F_2(\lambda)\frac{\phi(1-Pe_{\rm tf}+\lambda^2/(4Pe_{\rm t});2-Pe_{\rm tf};Pe_{\rm t})}{\phi(1-Pe_{\rm tf}+\lambda^2/(4Pe_{\rm t});1-Pe_{\rm tf};Pe_{\rm t})}{\rm d}\lambda \tag{6-22}$$

这里使用了关系式 $\phi(\alpha;\alpha;z)/\phi(\alpha;\alpha+1;z)=z{\rm e}^z\int_1^\infty{\rm e}^{-zt}t^{-\alpha}{\rm d}t$，它可以由数学方法证明。

当 $g(\alpha)$ 在 $(0,1]$ 区间内且随着 α 单调递减时，对流对液相热扩散的影响存在两种极限情况。$g(\alpha)\equiv1$ 表示液体中没有对流。在上述假设下，现在的结果就简化为式(5-34)。在另一个极限条件下，$g(\alpha)\equiv0$，可以得到与式(6-19)相同的表达式，其中相关参数重新定义如下：

$$\mathrm{Iv}\left(Pe_{\mathrm{t}},Pe_{\mathrm{tf}}\right)=\frac{Pe_{\mathrm{t}}}{Pe_{\mathrm{t0}}}\frac{\phi\left(1;1;Pe_{\mathrm{t0}}\right)}{\phi\left(1;2;Pe_{\mathrm{t0}}\right)}=Pe_{\mathrm{t}}\mathrm{e}^{Pe_{\mathrm{t0}}}\int_{1}^{\infty}\frac{\mathrm{e}^{-Pe_{\mathrm{t0}}\alpha}}{\alpha}\mathrm{d}\alpha \tag{6-23}$$

$$N_1\left(Pe_{\mathrm{t}},Pe_{\mathrm{tf}}\right)=\frac{\phi\left(1;1;Pe_{\mathrm{t0}}\right)}{\phi\left(1;2;Pe_{\mathrm{t0}}\right)}\int_{0}^{\infty}\mathrm{e}^{-\lambda}\frac{F_1\left(\lambda\right)}{2}\frac{\phi\left(1+\lambda^2/\left(4Pe_{\mathrm{t0}}\right);2;Pe_{\mathrm{t0}}\right)}{\phi\left(1+\lambda^2/\left(4Pe_{\mathrm{t0}}\right);1;Pe_{\mathrm{t0}}\right)}\mathrm{d}\lambda \tag{6-24}$$

$$N_2\left(Pe_{\mathrm{t}},Pe_{\mathrm{tf}}\right)=\frac{\phi\left(1;1;Pe_{\mathrm{t0}}\right)}{\phi\left(1;2;Pe_{\mathrm{t0}}\right)}\int_{0}^{\infty}\mathrm{e}^{-\lambda}F_2\left(\lambda\right)\frac{\phi\left(1+\lambda^2/\left(4Pe_{\mathrm{t0}}\right);2;Pe_{\mathrm{t0}}\right)}{\phi\left(1+\lambda^2/\left(4Pe_{\mathrm{t0}}\right);1;Pe_{\mathrm{t0}}\right)}\mathrm{d}\lambda \tag{6-25}$$

6.1.2　液相中的溶质扩散

对于液体中的溶质扩散，沿固液界面的等溶质假设已被证明是合理的近似。在这种假设下，Alexandrov 等给出了尖端的界面溶质浓度[107-108]：

$$C_{\mathrm{L}}^{*}=\frac{C_0}{1-\left[1-k\left(V\right)\right]\mathrm{Iv}\left(Pe_{\mathrm{c}},Pe_{\mathrm{cf}}\right)} \tag{6-26}$$

式中，Pe_{c} 为由 $Pe_{\mathrm{c}}=rV/\left(2D_{\mathrm{L}}\right)$ 定义的溶质佩克莱数(无量纲)；Pe_{cf} 为由 $Pe_{\mathrm{cf}}=rU/\left(2D_{\mathrm{L}}\right)$ 定义的溶质对流的佩克莱数(无量纲)。在给定的抛物线坐标系(α,β,φ)下，$\mathrm{Iv}\left(Pe_{\mathrm{c}},Pe_{\mathrm{cf}}\right)$ 定义为

$$\mathrm{Iv}\left(Pe_{\mathrm{c}},Pe_{\mathrm{cf}}\right)=\int_{1}^{\infty}\exp\left[2Pe_{\mathrm{cf}}\int_{1}^{\alpha}g\left(\alpha\right)\mathrm{d}\alpha-Pe_{\mathrm{c0}}\alpha^2\right]\frac{2\mathrm{d}\alpha}{\alpha} \tag{6-27}$$

式中，Pe_{c0} 定义为 $Pe_{\mathrm{c0}}=Pe_{\mathrm{c}}+Pe_{\mathrm{cf}}$。

考虑到液体中局域非平衡溶质扩散的弛豫效应，尖端溶质浓度可改写为如下形式：

$$C_{\mathrm{L}}^{*}=\frac{C_0}{1-\left[1-k\left(V\right)\right]\mathrm{Iv}\left(Pe_{\mathrm{c}},Pe_{\mathrm{cf}}\right)},\quad V<V_{\mathrm{D}} \tag{6-28a}$$

$$C_{\mathrm{L}}^{*}=C_0,\quad V\geqslant V_{\mathrm{D}} \tag{6-28b}$$

与热扩散相似，溶质扩散也有两种极限情况。一种是假设 $g\left(\alpha\right)\equiv 1$，即忽略对流对溶质在液体中扩散的影响。另一种是假设 $g\left(\alpha\right)\equiv 0$，当 $g\left(\alpha\right)\equiv 0$ 时，式(6-27)可改写为

$$\mathrm{Iv}\left(Pe_{\mathrm{c}},Pe_{\mathrm{cf}}\right)=\frac{Pe_{\mathrm{c}}}{Pe_{\mathrm{c0}}}\frac{\phi\left(1;1;Pe_{\mathrm{c0}}\right)}{\phi\left(1;2;Pe_{\mathrm{c0}}\right)}=Pe_{\mathrm{c}}\mathrm{e}^{Pe_{\mathrm{c0}}}\int_{1}^{\infty}\frac{\mathrm{e}^{-Pe_{\mathrm{c0}}\alpha}}{\alpha}\mathrm{d}\alpha \tag{6-29}$$

6.1.3　基于 MicST 的稳定性判据

进一步结合固液界面形貌稳定性分析，可以唯一确定稳态枝晶生长时的凝固

行为。考虑到界面的非等温特性，在给定的熔体总过冷度 ΔT 下，微观可解性理论可以给出尖端曲率半径 r 与凝固速度 V 之间的关系。根据 Alexandrov 等[107-108]的工作，从微观可解性理论得出的选择性判据参数描述为

$$\sigma = \frac{\sigma_0\alpha_{\mathrm{d}} - \frac{7}{4}}{1+b\left[\beta^{-\frac{3}{4}}a_0(Re)\right]^{\frac{11}{14}}}\left\{\xi_{\mathrm{t}} + \frac{2m(V)C_{\mathrm{L}}^*\left[1-k(V)\right]\alpha_{\mathrm{L}}}{D_{\mathrm{L}}T_{\mathrm{Q}}}\xi_{\mathrm{c}}\right\}, \quad V < V_{\mathrm{D}} \tag{6-30a}$$

$$\sigma = \frac{\sigma_0\alpha_{\mathrm{d}} - 7/4}{1+b\left[\beta^{-3/4}a_0(Re)\right]^{11/14}}\xi_{\mathrm{t}}, \quad V \geqslant V_{\mathrm{D}} \tag{6-30b}$$

式中，选择性判据参数 σ 由 $\sigma = 2\alpha_{\mathrm{L}}d_0/(r^2V)$ 定义；σ_0 为选择性常数(无量纲)；D_{L} 为溶质在液体中的扩散系数(m^2/s)；T_{Q} 由 $T_{\mathrm{Q}} = \Delta H_{\mathrm{f}}/C_{\mathrm{p}}$ 定义；其他参数定义如下：

$$\xi_{\mathrm{t}} = \left\{1 + a_1\sqrt{\alpha_{\mathrm{d}}}Pe_{\mathrm{t}}\left[1 + a_1\sqrt{\alpha_{\mathrm{d}}}Pe_{\mathrm{t}}\left(1+\delta_0\alpha_{\mathrm{L}}\beta_0/d_0\right)\right]\right\}^{-2} \tag{6-31}$$

$$\xi_{\mathrm{c}} = \left[1 + a_2\sqrt{\alpha_{\mathrm{d}}}Pe_{\mathrm{c}}^*\left(1+\delta_0 D_{\mathrm{L}}\beta_0/d_{0\mathrm{CD}}\right)\right]^{-2} \tag{6-32}$$

$$a_0(Re) = \frac{ad_0U}{4\rho Vp} + \frac{ad_0U\alpha_{\mathrm{L}}}{2\rho VpD_{\mathrm{L}}} \tag{6-33}$$

式中，a_1 为由 σ_0 定义的常量(无量纲)，$a_1 = (8\sigma_0/7)^{1/2}(3/56)^{3/8}$；$a_2 = \sqrt{2}a_1$；$Pe_{\mathrm{c}}^* = Pe_{\mathrm{c}}/\sqrt{\psi}$；$\delta_0 = 1$；$d_{0\mathrm{CD}}$ 为化学毛细管长度(m)；参数 $a(Re)$ 和 p 定义如下：

$$a(Re) = \frac{\exp(-Re/2)}{E_1(Re/2)} \tag{6-34}$$

$$p = 1 + \frac{2m(V)C_{\mathrm{L}}^*\left[1-k(V)\right]\alpha_{\mathrm{L}}}{D_{\mathrm{L}}\Delta H_{\mathrm{f}}/C_{\mathrm{p}}} \tag{6-35}$$

由式(6-31)，可以推导出尖端曲率半径 r 的表达式如下：

$$r = \frac{d_0T_{\mathrm{Q}}\left\{1+b\left[\alpha_{\mathrm{d}}^{-3/4}a_0(Re)\right]^{11/14}\right\}}{\sigma_0\alpha_{\mathrm{d}}^{7/4}}\frac{1}{T_{\mathrm{Q}}\xi_{\mathrm{t}}Pe_{\mathrm{t}} + 2m(V)C_{\mathrm{L}}^*\left[k(V)-1\right]\xi_{\mathrm{c}}Pe_{\mathrm{c}}^*}, \quad V < V_{\mathrm{D}} \tag{6-36a}$$

$$r = \frac{d_0T_{\mathrm{Q}}\left\{1+b\left[\alpha_{\mathrm{d}}^{-3/4}a_0(Re)\right]^{11/14}\right\}}{\sigma_0\alpha_{\mathrm{d}}^{7/4}}\frac{1}{T_{\mathrm{Q}}\xi_{\mathrm{t}}Pe_{\mathrm{t}}}, \quad V \geqslant V_{\mathrm{D}} \tag{6-36b}$$

至此，考虑液相中的强制对流，本节建立了完整的自由枝晶生长模型。同时求解式(6-19)、式(6-28)和式(6-36)，对于任意给定的总过冷度 ΔT ，可以唯一地确定合金的凝固行为。

6.2 模 型 应 用

本节通过模型比较，分别分析了对流对热扩散和溶质扩散的影响，并与 $Cu_{70}Ni_{30}$ 合金的实验结果进行了比较。表 6-1 列出了计算中使用的热力学与动力学参数。为了表达更清晰，本节涉及的不同模型中使用的 $g(\alpha)$ 定义见表 6-2。

表 6-1　用于模型计算的 $Cu_{70}Ni_{30}$ 合金的热力学与动力学参数[131]

参数	符号	数值	单位
平衡熔化温度	T_M	1513	K
熔化潜热	ΔH_f	2.317×10^5	J / kg
液态合金比热容	C_p	576	$J/(kg\cdot K)$
毛细管长度	d_0	6.2×10^{-10}	m
化学毛细管长度	d_{0CD}	3.48×10^{-9}	m
溶质扩散系数	D_L	6.0×10^{-9}	m^2/s
热扩散系数	α_L	3×10^{-6}	m^2/s
界面溶质扩散速度	V_{DI}	10	m / s
液相溶质扩散速度	V_D	19	m / s
液相线斜率	m_e	–4.38	K / %
平衡溶质再分配系数	k_e	0.81	—
动力学系数	$\tilde{\beta}$	0.588	$s\cdot K/m$
界面能各向异性强度	α_d	0.25	—
动力学生长各向异性强度	α_β	0.25	—
选择性常数	σ_0	1.5	—
对流速度	U	0.3	m / s
黏度系数	η	0.5×10^{-7}	m^2/s

表 6-2　不同模型中使用的 $g(\alpha)$ 定义

模型	热扩散	溶质扩散
极限情况 1	$g(\alpha)\equiv 1$	$g(\alpha)\equiv 1$
极限情况 2	$g(\alpha)\equiv 0$	$g(\alpha)\equiv 1$
理想流体情况	$g(\alpha)=1/\alpha$	$g(\alpha)\equiv 1$
极限情况 3	$g(\alpha)\equiv 1$	$g(\alpha)\equiv 0$
非理想流体情况	$g(\alpha)\equiv 1$	$g(\alpha)$ 由式(6-6)定义

6.2.1　对流对热扩散的影响

枝晶尖端温度与总过冷度 ΔT 的关系如图 6-1 所示。对于考虑不同 $g(\alpha)$ 定义的三个模型，当 $g(\alpha)$ 在 $(0,1]$ 区间内随着 α 单调递减，对流对液相热扩散的影响存在两种极限情况。如表 6-2 所示，极限情况 1 表示具有 $g(\alpha)\equiv 1$ 假设的模型，这是液体中没有对流的情况。另一个极限情况称为极限情况 2，表示具有 $g(\alpha)\equiv 0$ 假设的模型。理想流体情况是指具有 $g(\alpha)=1/\alpha$ 假设的模型。应该强调的是，为了集中讨论对流对热扩散的影响，不同的 $g(\alpha)$ 定义仅在热扩散描述中采用，而在溶质扩散描述中采用相同的表达式，即式(6-27)和式(6-28)中令 $g(\alpha)\equiv 1$ 且采用相同的形貌稳定性准则[式(6-36)]。图 6-1 显示，在较低的总过冷度情况下，这些模型之间的预测值略有差异，而在高的总过冷度下，差异可以忽略。

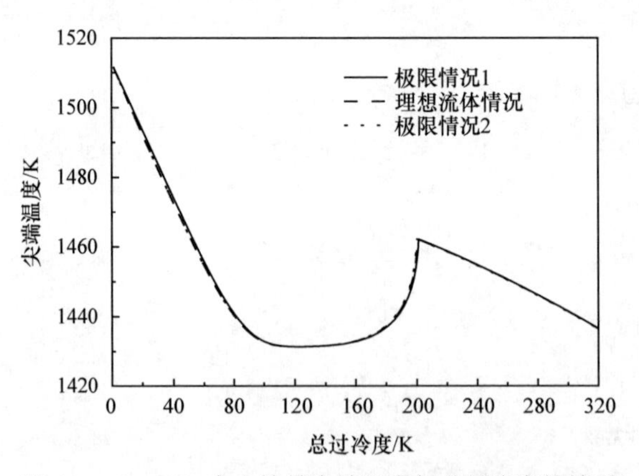

图 6-1　$Cu_{70}Ni_{30}$ 合金枝晶尖端温度与总过冷度的关系

这里将总过冷度 ΔT 分为以下五个部分：热过冷度 $\Delta T_{\mathrm{t}}=T_{\mathrm{M}}-T_{\infty}$，溶质过冷度 $\Delta T_{\mathrm{c}}=m(V)\left(C_{\mathrm{L}}^{*}-C_{0}\right)$，$\Delta T_{\mathrm{n}}=\left[m_{\mathrm{L}}-m(V)\right]C_{0}$ 是动力学液相线偏离平衡位置引起

的过冷度，$\Delta T_{\mathrm{r}}=\left(\Delta H_{\mathrm{f}}/C_{\mathrm{p}}\right)\left(2d_0/r\right)$是曲率过冷度，以及$\Delta T_{\mathrm{k}}=\tilde{\beta}V$是动力学过冷度，$\Delta T=\Delta T_{\mathrm{t}}+\Delta T_{\mathrm{c}}+\Delta T_{\mathrm{n}}+\Delta T_{\mathrm{r}}+\Delta T_{\mathrm{k}}$。根据这一关系和式(6-19)给出的结果，可以进一步确定热过冷度ΔT_{t}，即$\Delta T_{\mathrm{t}}=\mathrm{Iv}\left(Pe_{\mathrm{t}},Pe_{\mathrm{tf}}\right)\Delta H_{\mathrm{f}}/C_{\mathrm{p}}+\Delta T_{\mathrm{r}}\left(N_1-1\right)+\Delta T_{\mathrm{k}}\left(N_2-1\right)$。由于$\Delta T_{\mathrm{t}}=T_{\mathrm{I}}-T_{\infty}$，上述三种模型预测的尖端温度$T_{\mathrm{I}}$之间的差异可以通过 Ivantsov 函数$\mathrm{Iv}\left(Pe_{\mathrm{t}},Pe_{\mathrm{tf}}\right)$的值和参数$N_1$、$N_2$进行分析。Ivantsov 函数的值和参数$N_1$、$N_2$与总过冷度$\Delta T$的关系分别如图 6-2 和图 6-3 所示。从图 6-2 可以看出，三种情况下的$\mathrm{Iv}\left(Pe_{\mathrm{t}},Pe_{\mathrm{tf}}\right)$值几乎相等。这意味着在等温界面假设下对流对热扩散的影响是可以忽略的($N_1=N_2\equiv1$)。在非等温界面条件下，参数N_1和N_2并不总是等于 1。因此，三种模型预测的尖端温度T_{I}之间的差异主要是由参数N_1和N_2引起的。如图 6-3 所示，在低总过冷度ΔT下，极限情况 1 模型给出的参数N_2的值与极限情况 2 模型预测的结果有明显的偏差，而参数N_1之间的差异相对较小。然而，只有参数N_1的值在三个模型预测的尖端温度T_{I}之间的差异中起着重要作用。这是因为曲率过冷度ΔT_{r}比动力学过冷度ΔT_{k}大得多，在低总过冷度ΔT时，其关系为$T_{\mathrm{t}}=\mathrm{Iv}\left(Pe_{\mathrm{t}},Pe_{\mathrm{tf}}\right)\Delta H_{\mathrm{f}}/C_{\mathrm{p}}+\Delta T_{\mathrm{r}}\Delta\left(N_1-1\right)+\Delta T_{\mathrm{k}}\left(N_2-1\right)$。此时，参数$N_2$的值几乎不影响$T_{\mathrm{I}}$。因此，考虑到参数$N_1$之间的微小差异，在非等温固液界面条件下，对流对热扩散的影响也很小。此外，图 6-4 中还可以看出，由极限情况 1 模型预测的凝固速度与由极限情况 2 模型预测的凝固速度存在非常微小的偏差，特别是在高总过冷度下。

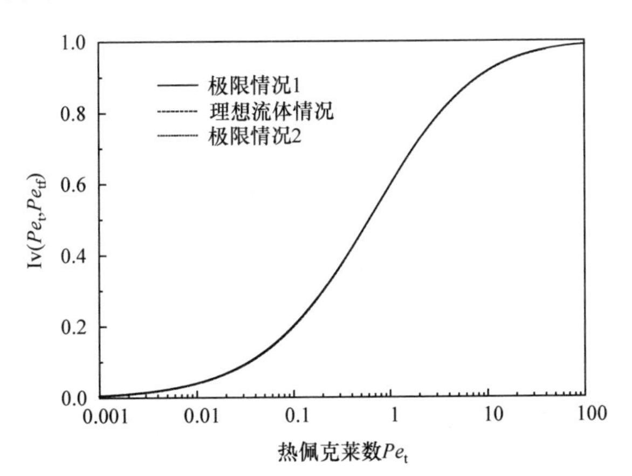

图 6-2　$\mathrm{Iv}\left(Pe_{\mathrm{t}},Pe_{\mathrm{tf}}\right)$值与热佩克莱数的关系

对流速度取$U=0.3\,\mathrm{m/s}$

对流对热扩散的影响涉及几个参数，如对流速度U、流体黏度系数η及界面能各向异性强度α_{d}。对流速度U越快或流体黏度系数η越小，对流对热扩散的影响越显著。除了这两个因素外，界面能各向异性强度α_{d}也是决定对流影响程度的

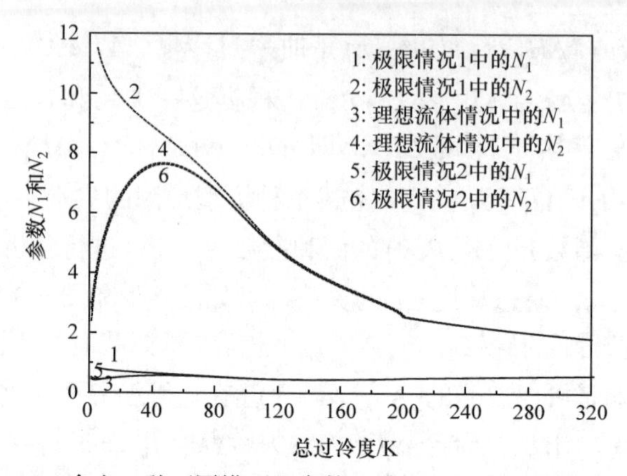

图 6-3　$Cu_{70}Ni_{30}$合金三种不同模型下参数 N_1 和 N_2 与总过冷度 ΔT 的关系

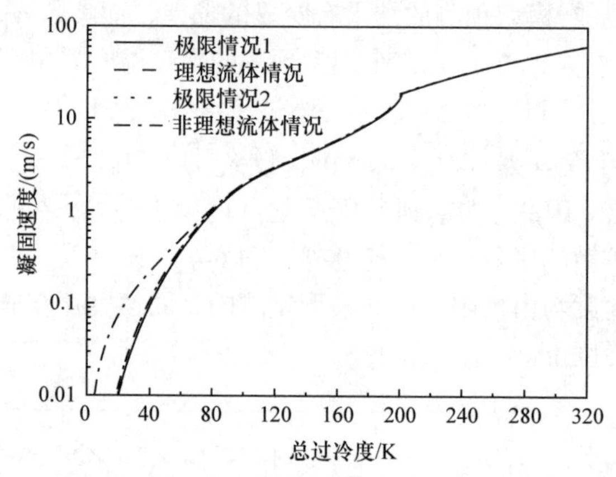

图 6-4　$Cu_{70}Ni_{30}$合金凝固速度 V 与总过冷度 ΔT 的关系

一个因素。如式(6-16)和式(6-21)所示，N_1的值取决于界面能各向异性强度α_{d}。考虑到表 6-1 中给出的这些参数，对流对热扩散的影响很小，可以忽略不计。在此基础上，还可以得出固液界面非等温性质的影响与对流对热扩散的影响相当的结论。然而，上述结论是在假设$\theta_{\mathrm{d}}=0$，$\theta_{\beta}=\pi/4$并采用表 6-1 中给出的一组参数的基础上得出的。在其他条件下，非等温特性的影响可能是明显的，甚至是显著的[23-27]。此外，如 6.2.2 小节所讨论的，对流对溶质扩散的影响比对热扩散的影响更明显。

6.2.2　对流对溶质扩散的影响

本小节基于三种模型进行对比分析，包括极限情况 1 模型、极限情况 3 模型和非理想流体情况模型。极限情况 1 是前文提到的液体中没有对流的情况。在液相热扩散和溶质扩散的方程中，极限情况 1 模型采用$g(\alpha)\equiv1$。极限情况 3 是式(6-28)

和式(6-30)中 $g(\alpha)\equiv 0$ 的情况，代表对流对溶质扩散影响的最大限度。非理想流体情况表示式(6-27)和式(6-28)中的 $g(\alpha)$ 由式(6-6)定义。为了集中讨论对流对溶质扩散的影响，三种模型在描述热扩散时采用了相同的 $g(\alpha)\equiv 1$ 的表达式(见表 6-2 中的热扩散一栏)。本小节中，假设这三种模型都完全忽略了对流对液体中热扩散的影响。

如图 6-4 所示，对于低总过冷度下的凝固速度，非理想流体情况和极限情况 1 模型有明显区别。相反，如 6.2.1 小节所述，极限情况 2 模型预测的凝固速度与极限情况 1 模型预测的凝固速度的偏差非常小。这表明，对流对溶质扩散的影响大于热扩散。这是由于溶质扩散系数通常比热扩散系数小三个数量级，溶质扩散比热扩散慢得多，使得强制对流对溶质扩散的影响比热扩散更为明显。这也可以使用流体动力学特征长度 l_H 和溶质扩散特征长度 l_C 来解释，分别定义为 $l_C = 2D_L / V$ 和 $l_H = \eta / U$。如图 6-5 所示，低总过冷度时 l_C 的值与 l_H 的值相差 10 倍以内。因此，强制对流对溶质扩散的影响是明显的。

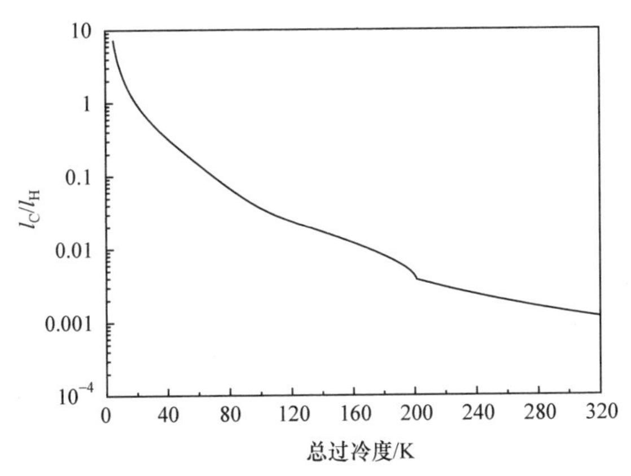

图 6-5　$Cu_{70}Ni_{30}$ 合金溶质扩散特征长度 l_C 和流体动力学特征长度 l_H 的比值与总过冷度 ΔT 的关系

为了进一步讨论对流对溶质扩散的影响，图 6-6 显示了包括 $\eta = 0.5\times10^{-7}\,\mathrm{m^2/s}$ 和 $\eta = 0.5\times10^{-9}\,\mathrm{m^2/s}$ 非理想流体情况在内的三个模型预测的枝晶尖端溶质浓度 C_L^* 与总过冷度 ΔT 的关系。首先，可以看出黏度系数 η 越大，对流对溶质扩散的影响越小。其次，与不存在强制对流的情况相比，强制对流产生了较低的枝晶尖端溶质浓度 C_L^*，因此强制对流可以抑制固液界面的溶质偏析。最后，如图 6-4 和图 6-5 所示，在高总过冷度下对流对溶质扩散的影响很小，甚至可以忽略，因为此时溶质会被截留甚至完全截留。综上，在存在强制对流的条件下，特别是较低总过冷度时，自由枝晶生长时考虑对流对溶质扩散的影响是必要的。

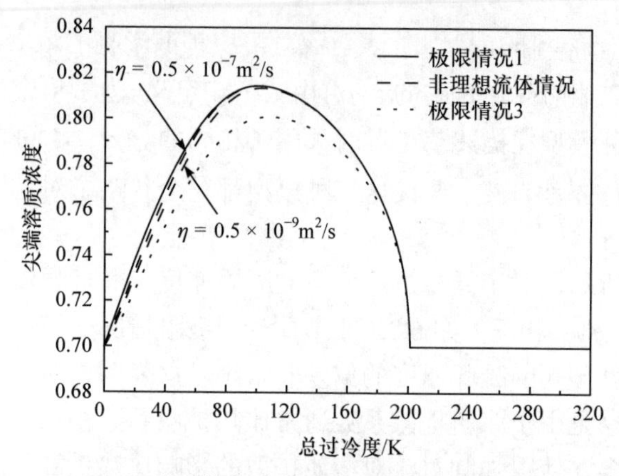

图 6-6 $Cu_{70}Ni_{30}$ 合金枝晶尖端溶质浓度与总过冷度的关系

6.2.3 实验比较

对于 $Cu_{70}Ni_{30}$ 合金，凝固速度 V 与总过冷度 ΔT 的实验比较如图 6-7 所示。如上所述，对流对溶质扩散的影响比对流对热扩散的影响显著。图 6-7 中当前模型预测的凝固速度 V 是基于表 6-2 所示的非理想流体模型得到的。相关热力学与动力学参数如表 6-1 所示。此外，作为系列模型之一，该模型还考虑了由非平界面和晶体各向异性共同引起的固液界面的非等温特性。结果表明，该模型能较好地描述实验数据，特别是在低总过冷度情况下，其中一个主要原因是该模型引入了强制对流对溶质扩散的影响。图 6-4 进一步证实了这一点，当前模型在非理想流体情况下预测的凝固速度明显大于忽略对流影响的模型。

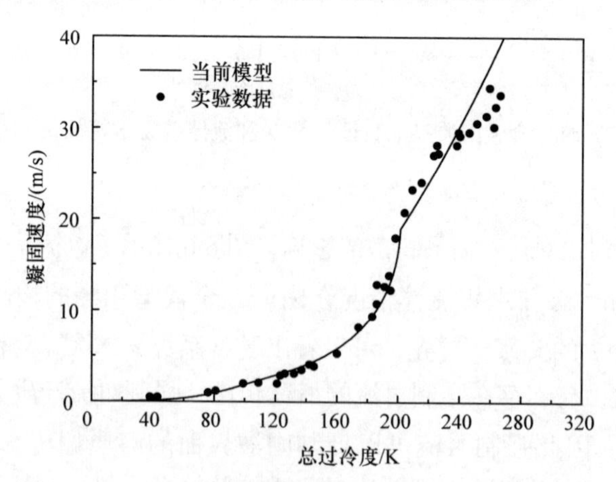

图 6-7 $Cu_{70}Ni_{30}$ 合金凝固速度与总过冷度的关系[133-134]

6.3 本章小结

作为本书第一部分七个非等温、非等溶质系列枝晶凝固建模的最后一个工作，本章提出了一个考虑了液相强制对流影响的单相二元固溶体合金枝晶凝固模型。本模型基于更具物理意义的微观可解性理论，进行固液界面形貌稳定性建模；考虑了由非平界面和各向异性共同引起的界面非等温特性。模型对比表明，由于溶质扩散系数通常比热扩散系数小三个数量级，低总过冷度时，对流对溶质扩散的影响比对流对热扩散的影响更明显；高总过冷度时，对流对枝晶生长的影响很小。此外，本模型能够对现有的 $Cu_{70}Ni_{30}$ 合金实验数据给出一致的预测，特别是在低总过冷度时。这得益于本模型获得了比忽略对流模型更快的凝固速度。

第 7 章　适用于非稀释合金的枝晶凝固模型

自由枝晶生长是过冷合金熔体在负温度梯度下凝固时发生的一种常见凝固现象。自由枝晶生长模型主要用于在给定合金初始浓度 C_0 和总过冷度 ΔT 的情况下，预测枝晶尖端曲率半径 r、凝固速度 V、界面处固相溶质浓度 C_S^*、界面处液相溶质浓度 C_L^* 及界面温度 T_I。由这些基本物理量可以进一步确定其他重要的凝固参数。建立更加完善的自由枝晶生长模型，是凝固理论研究的一个重要方面。典型的自由枝晶生长模型有早期的 LGK 模型[119]、LKT 模型[121]、TLK 模型[122]，经典的 BCT 模型[68]，随后逐渐完善的 DA 模型[67]、GD 模型[104-105]、Wang 等的模型[70]，近年来作者及其合作者建立的非等温、非等溶质界面系列枝晶凝固模型(详见前 6 章)。早期的模型局限于平衡凝固，BCT 模型首次将自由枝晶生长模型的应用范围延伸至了界面局域非平衡凝固，因而曾经获得了广泛的应用。该模型采用了线性固相线和液相线假设、液相平衡溶质扩散假设及稀释合金假设，这些假设限制了 BCT 模型的适用范围。学者在 BCT 模型的基础上进行扩展和完善，DA 模型成功去掉了线性相边界假设，GD 模型考虑了液相非平衡溶质扩散的弛豫效应，Wang 等的模型[70]进一步在 GD 模型的基础上去掉了线性相边界假设。然而，上述所有模型仍然仅仅适用于稀释合金。因此，作为过冷合金熔体非平衡枝晶凝固建模的系列研究，本章将从界面响应函数、界面形貌稳定性两方面重新进行非稀释扩展，并采用 Galenko 的适用于非稀释合金的溶质偏析模型。这里需要说明的是，本章工作完成于上述非等温、非等溶质界面系列枝晶凝固建模之前，故传热和传质部分依然沿用了等温、等溶质界面假设下的 Ivantsov 处理，但该部分本身是完全适用于非稀释合金的。因此，本章所建立的枝晶凝固模型在适用于非稀释合金方面实现了真正的自洽[62]。该模型为将非等温、非等溶质界面系列枝晶凝固模型推向非稀释合金版本奠定了基础。

7.1　模型描述

7.1.1　界面响应函数

基于延伸的不可逆过程热力学，Galenko 对快速凝固过程中固液界面迁移进行了热力学描述，获得了对于稀释合金的有效界面迁移驱动力 ΔG_{eff} 的表达式。与以往模型不同的是，他考虑了有限速度的液相溶质扩散，也就是非平衡溶质扩散的弛豫效应。作者在前期工作中将 Galenko 的结果进一步延伸至了非稀释合金[60]：

$$\Delta G_{\mathrm{eff}}=\left(1-C_{\mathrm{eff}}^{*}\right)\Delta\mu_{\mathrm{A}}+C_{\mathrm{eff}}^{*}\Delta\mu_{\mathrm{B}}$$

$$-\gamma\left(C_{\mathrm{L}}^{*}-C_{\mathrm{S}}^{*}\right)^{2}\left[\left(1-C_{\mathrm{L}}^{*}\right)\frac{\partial\mu_{\mathrm{B}}^{\mathrm{L}}}{\partial C_{\mathrm{L}}^{*}}+C_{\mathrm{L}}^{*}\frac{\partial\mu_{\mathrm{A}}^{\mathrm{L}}}{\partial\left(1-C_{\mathrm{L}}^{*}\right)}\right]\frac{V}{V_{\mathrm{D}}},\quad V<V_{\mathrm{D}}\tag{7-1a}$$

$$\Delta G_{\mathrm{eff}}=\left(1-C_{\mathrm{S}}^{*}\right)\Delta\mu_{\mathrm{A}}+C_{\mathrm{S}}^{*}\Delta\mu_{\mathrm{B}},\quad V\geqslant V_{\mathrm{D}}\tag{7-1b}$$

式中，下标 A 和 B 分别代表溶剂和溶质；下标 S 和 L 分别代表固相和液相；C_{S}^{*} 和 C_{L}^{*} 分别为界面处的固、液相溶质浓度(摩尔分数)；$\mu_{\mathrm{A}}^{\mathrm{L}}$ 和 $\mu_{\mathrm{B}}^{\mathrm{L}}$ 为组分的液相化学势(J / mol)；$\Delta\mu_{\mathrm{A}}$ 和 $\Delta\mu_{\mathrm{B}}$ 为组分的化学势变化(J / mol)；ΔG_{eff} 为凝固过程中有效驱动界面迁移的摩尔吉布斯自由能变化(J / mol)，也称为有效界面迁移驱动力；有效溶质浓度 C_{eff}^{*} 定义为 $C_{\mathrm{eff}}^{*}=\left(1-\gamma\right)C_{\mathrm{S}}^{*}+\gamma C_{\mathrm{L}}^{*}$ (摩尔分数)；V 为凝固速度(m / s)；V_{D} 为液相中的溶质扩散速度(m / s)；参数 $\gamma=1$ 代表考虑了溶质拖曳，$\gamma=0$ 代表忽略了溶质拖曳，取 0 与 1 之间代表部分溶质拖曳。

为了建立有效界面迁移驱动力和凝固速度之间的关系，采用被广泛接受的 Turnbull 碰撞限制生长规则：

$$\Delta G_{\mathrm{eff}}\left(V,T_{\mathrm{I}}+\Delta T_{\mathrm{r}},C_{\mathrm{L}}^{*}\right)/R_{\mathrm{g}}\left(T_{\mathrm{I}}+\Delta T_{\mathrm{f}}\right)-\ln\left(1-V/fV_{0}\right)=0\tag{7-2}$$

式中，f 为界面处晶体生长的点分数(摩尔分数)；V_{0} 为最大结晶速率(m / s)；R_{g} 为理想气体常数[J / (mol·K)]；T_{I} 为界面温度(K)；ΔT_{r} 为由吉布斯-汤姆逊效应引起的曲率过冷度(K)。因为本章考虑的是枝晶(弯曲)的界面形貌，所以曲率修正是必不可少的(将平界面响应函数中的 T_{I} 用 $T_{\mathrm{I}}+\Delta T_{\mathrm{r}}$ 来修正)。

为唯一确定枝晶的凝固行为，还需要引入溶质偏析模型来描述非平衡溶质再分配系数 k ($k=C_{\mathrm{S}}^{*}/C_{\mathrm{L}}^{*}$)。本章同样采用 Galenko 的溶质偏析模型[23]：

$$k=\frac{\psi\kappa_{\mathrm{e}}'+V/V_{\mathrm{DI}}}{\psi\left[1-\left(1-\kappa_{\mathrm{e}}'\right)C_{\mathrm{L}}^{*}\right]+V/V_{\mathrm{DI}}},\quad V<V_{\mathrm{D}}\tag{7-3a}$$

$$k=1,\quad V\geqslant V_{\mathrm{D}}\tag{7-3b}$$

式中，V_{DI} 为界面溶质扩散速度(m / s)；$\psi=1-V^{2}/V_{\mathrm{D}}^{2}$。曲率修正分配参数 κ_{e}' 定义为

$$\kappa_{\mathrm{e}}'\left(C_{\mathrm{L}}^{*},C_{\mathrm{S}}^{*},T_{\mathrm{I}}+\Delta T_{\mathrm{r}}\right)=\frac{C_{\mathrm{S}}^{*}\left(1-C_{\mathrm{L}}^{*}\right)}{C_{\mathrm{L}}^{*}\left(1-C_{\mathrm{S}}^{*}\right)}\exp\left[-\left(\Delta\mu_{\mathrm{B}}-\Delta\mu_{\mathrm{A}}\right)/R_{\mathrm{g}}\left(T_{\mathrm{I}}+\Delta T_{\mathrm{f}}\right)\right]\tag{7-4}$$

式(7-1)～式(7-4)所描述的即为弯曲界面的界面响应函数，它与平界面响应函数主要的不同之处在于需要考虑界面曲率引起的界面处液相线温度的变化，即曲率过冷度ΔT_{r}。因此，对于弯曲界面，T_{I}要由$T_{\mathrm{I}}+\Delta T_{\mathrm{r}}$修正。根据吉布斯-汤姆逊效应，曲率过冷度定义为$\Delta T_{\mathrm{r}}=2\Gamma/r$，其中$\Gamma$为毛细管常数($\mathrm{K\cdot m}$)，$r$为枝晶尖端曲率半径。于是，对于枝晶凝固行为的描述又多了一个额外的物理量，即枝晶尖端的曲率半径r。为了唯一描述合金的枝晶凝固行为，数学上需要一个额外的限制方程，物理上可以由固液界面的形貌稳定性分析给出。

7.1.2 边缘稳定性判据和枝晶尖端曲率半径

对于枝晶尖端曲率半径的描述，本章假设固、液相具有相同的热导率($K_{\mathrm{S}}=K_{\mathrm{L}}$)和热扩散系数($\alpha_{\mathrm{S}}=\alpha_{\mathrm{L}}$)。基于作者在前期工作中关于平界面形貌稳定性分析的结果[61]，对于某一确定扰动波数ω，边缘稳定性判据可以描述如下：

$$-\Gamma\omega^2-\frac{1}{2}G_{\mathrm{L}}\xi_{\mathrm{L}}-\frac{1}{2}G_{\mathrm{S}}\xi_{\mathrm{S}}+M\left(V,T_{\mathrm{I}}+\Delta T_{\mathrm{r}},C_{\mathrm{L}}^*\right)G_{\mathrm{c}}\xi_{\mathrm{c}}=0 \tag{7-5}$$

液相热稳定性参数ξ_{L}、固相热稳定性参数ξ_{S}、溶质稳定性参数ξ_{c}、动力学液相线斜率M分别定义如下：

$$\xi_{\mathrm{L}}=1-\frac{1}{\sqrt{1+\left(\sigma^*Pe_{\mathrm{t}}^2\right)^{-1}}} \tag{7-6}$$

$$\xi_{\mathrm{S}}=1+\frac{1}{\sqrt{1+\left(\sigma^*Pe_{\mathrm{t}}^2\right)^{-1}}} \tag{7-7}$$

$$\xi_{\mathrm{c}}=1-\frac{2k+2M\left(V,T_{\mathrm{I}}+\Delta T_{\mathrm{r}},C_{\mathrm{L}}^*\right)C_{\mathrm{L}}^*\left.\dfrac{\partial k}{\partial T}\right|_{T_{\mathrm{I}}+\Delta T_{\mathrm{r}}}+2C_{\mathrm{L}}^*\dfrac{\partial k}{\partial C_{\mathrm{L}}^*}}{\sqrt{1+\psi\left(\sigma^*Pe_{\mathrm{c}}^2\right)^{-1}}+2k-1+2M\left(V,T_{\mathrm{I}}+\Delta T_{\mathrm{r}},C_{\mathrm{L}}^*\right)C_{\mathrm{L}}^*\left.\dfrac{\partial k}{\partial T}\right|_{T_{\mathrm{I}}+\Delta T_{\mathrm{r}}}+2C_{\mathrm{L}}^*\dfrac{\partial k}{\partial C_{\mathrm{L}}^*}},\quad V<V_{\mathrm{D}} \tag{7-8a}$$

$$\xi_{\mathrm{c}}=0,\quad V\geqslant V_{\mathrm{D}} \tag{7-8b}$$

$$G_{\mathrm{c}}=\frac{C_{\mathrm{L}}^*(k-1)V}{D_{\mathrm{L}}\psi},\quad V<V_{\mathrm{D}} \tag{7-9a}$$

$$G_{\mathrm{c}}=0,\quad V\geqslant V_{\mathrm{D}} \tag{7-9b}$$

$$M\left(V,T_{\mathrm{I}}+\Delta T_{\mathrm{r}},C_{\mathrm{L}}^*\right)=\frac{-C}{B-R_{\mathrm{g}}\ln\left(1-V/fV_0\right)} \tag{7-10}$$

式中，

$$B=\left.\frac{\partial\Delta G_{\mathrm{eff}}\left(V,T,C_{\mathrm{L}}^{*}\right)}{\partial T}\right|_{T=T_{\mathrm{I}}+\Delta T_{\mathrm{r}}} \tag{7-11}$$

$$C=\left.\frac{\partial\Delta G_{\mathrm{eff}}\left(V,T_{\mathrm{I}}+\Delta T_{\mathrm{r}},C_{x}\right)}{\partial C_{x}}\right|_{C_{x}-C_{\mathrm{L}}^{*}} \tag{7-12}$$

式中，σ^{*}为稳定性常数(无量纲)，$\sigma^{*}\approx1/(4\pi^{2})$；$Pe_{\mathrm{t}}$为由$Pe_{\mathrm{t}}=rV/(2\alpha_{\mathrm{L}})$定义的热佩克莱数(无量纲)；$Pe_{\mathrm{c}}$为由$Pe_{\mathrm{c}}=rV/(2D_{\mathrm{L}})$定义的溶质佩克莱数(无量纲)；$D_{\mathrm{L}}$为液相溶质扩散系数($\mathrm{m}^{2}/\mathrm{s}$)；$G_{\mathrm{L}}$和$G_{\mathrm{S}}$为平界面处的温度梯度($\mathrm{K}/\mathrm{m}$)；$G_{\mathrm{c}}$为平界面处的溶质梯度($1/\mathrm{m}$)。由边界条件$K_{\mathrm{S}}G_{\mathrm{S}}-K_{\mathrm{L}}G_{\mathrm{L}}=\Delta H_{\mathrm{f}}V$，并忽略固相温度梯度($G_{\mathrm{S}}=0$)，则液相温度梯度$G_{\mathrm{L}}$可以写为

$$G_{\mathrm{L}}=-\Delta H_{\mathrm{f}}V/K_{\mathrm{L}}=-2\Delta H_{\mathrm{f}}Pe_{\mathrm{t}}/rC_{\mathrm{p}} \tag{7-13}$$

式中，ΔH_{f}为熔化潜热($\mathrm{J/mol}$)；C_{p}为液态合金比热容[$\mathrm{J/(mol\cdot K)}$]。

根据 Langer 和 Müller-Krumbhaar 的理论分析，r可以由边缘稳定扰动波长λ ($\lambda=2\pi/\omega$)来近似。基于这一理论，由式(7-5)可以导出r的表达式为

$$r=\frac{\Gamma/\sigma^{*}}{\dfrac{Pe_{\mathrm{t}}\Delta H_{\mathrm{f}}}{C_{\mathrm{p}}}\xi_{\mathrm{t}}+\dfrac{2M\left(V,T_{\mathrm{I}}+\Delta T_{\mathrm{r}},C_{\mathrm{L}}^{*}\right)(k-1)C_{\mathrm{L}}^{*}Pe_{\mathrm{c}}}{\psi}\xi_{\mathrm{c}}},\quad V<V_{\mathrm{D}} \tag{7-14a}$$

$$r=\frac{\Gamma/\sigma^{*}}{Pe_{\mathrm{t}}\Delta H_{\mathrm{f}}\xi_{\mathrm{t}}/C_{\mathrm{p}}},\quad V\geqslant V_{\mathrm{D}} \tag{7-14b}$$

式(7-14)中ξ_{t}即为式(7-6)定义的ξ_{L}。本章引言中介绍的典型自由枝晶生长模型中除了 LGK 模型(它采取了一个小的热佩克莱数Pe_{t}的近似)以外，其他采取的ξ_{t}表达式完全一致。这是由于这些模型在热扩散描述方面都是基于相同的热扩散方程。此外，相对于液相中的溶质扩散，热扩散的弛豫效应完全可以忽略，因此不同模型之间的差别主要在于ξ_{c}的表达式。相比 Wang 等的模型(王海丰模型)[70]，本章的模型引入了一个额外的项$2C_{\mathrm{L}}^{*}\partial k/\partial C_{\mathrm{L}}^{*}$，见式(7-8a)。这是由于当前模型采取了一个依赖于C_{L}^{*}的非平衡溶质再分配系数k的表达式，即 Galenko 的溶质偏析模型。在稀释合金假设下，本章的模型可以简化为王海丰模型。进一步假设线性固相线和液相线，也就是忽略k对T_{I}的依赖性，王海丰模型简化为 GD 模型。如果进一步忽略弛豫效应，ξ_{c}可以简化为 BCT 模型采取的表达式。至此，本小节推导出了枝晶凝固条件下枝晶尖端曲率半径r的表达式。

7.1.3 过冷度分配

在上述建立的界面响应函数和枝晶尖端曲率半径的表达式中，数学上可以认为共有五个独立变量：V、r、T_{I}、C_{S}^{*}和C_{L}^{*}。C_{S}^{*}和C_{L}^{*}之间的关系可以通过溶质偏析模型[式(7-3)]来描述；界面响应函数和枝晶尖端曲率半径的表达式分别限定了界面速度V和曲率半径r。为了完全确定过冷熔体的枝晶凝固行为，数学上还需要两个额外的限定条件。通常描述枝晶凝固时已知总过冷度ΔT和合金的初始浓度C_0，可以考虑传热和传质过程，使用这两个初始条件通过 Ivantsov 模型来间接限定T_{I}和C_{L}^{*}。与 DA 模型在非弛豫及弯曲相边界条件下明确定义的过冷组分一样[67]，本模型同样将总过冷度ΔT划分为四个组成部分：曲率过冷度ΔT_{r}、热过冷度ΔT_{t}、溶质过冷度ΔT_{c}和动力学过冷度ΔT_{k}。

Ivantsov 假设凝固枝晶具有等温、等溶质的旋转抛物面型界面形貌，并对界面前沿液相中的热扩散和溶质扩散进行了数学描述，进而获得了如下无量纲热过冷度$\varOmega_{\mathrm{t}}$和无量纲过饱和度$\varOmega_{\mathrm{c}}$的解析表达式[109]：

$$\varOmega_{\mathrm{t}}=\frac{C_{\mathrm{p}}\left(T_{\mathrm{I}}-T_{\infty}\right)}{\Delta H_{\mathrm{f}}}=\mathrm{Iv}\left(Pe_{\mathrm{t}}\right) \tag{7-15}$$

$$\varOmega_{\mathrm{c}}=\frac{C_{\mathrm{L}}^{*}-C_0}{C_{\mathrm{L}}^{*}-C_{\mathrm{S}}^{*}}=\mathrm{Iv}\left(Pe_{\mathrm{c}}\right) \tag{7-16}$$

式中，T_{∞}为远离枝晶尖端处的合金熔体的温度(K)；$\mathrm{Iv}\left(Pe_{\mathrm{c}}\right)$为 Ivantsov 函数[109]。基于这一结果，热过冷度ΔT_{t}和溶质过冷度ΔT_{c}可以定义为

$$\Delta T_{\mathrm{t}}=T_{\mathrm{I}}-T_{\infty}=\frac{\Delta H_{\mathrm{f}}}{C_{\mathrm{p}}}\mathrm{Iv}\left(Pe_{\mathrm{t}}\right) \tag{7-17}$$

$$\Delta T_{\mathrm{c}}=T_{\mathrm{L}}\left(C_0\right)-T_{\mathrm{L}}\left(C_{\mathrm{L}}^{*}\right) \tag{7-18}$$

式中，T_{L}为平衡液相线温度(K)；C_{L}^{*}可以由式(7-19)获得：

$$C_{\mathrm{L}}^{*}=\frac{C_0}{1-(1-k)\mathrm{Iv}\left(Pe_{\mathrm{c}}\right)} \tag{7-19}$$

此外，根据吉布斯-汤姆逊效应，曲率过冷度可以定义为$\Delta T_{\mathrm{r}}=2\varGamma/r$。总过冷度($\Delta T=T_{\mathrm{L}}(C_0)-T_{\infty}$)中去除上述三个过冷度剩余的部分即为动力学过冷度：

$$\Delta T_{\mathrm{k}}=\Delta T-\Delta T_{\mathrm{r}}-\Delta T_{\mathrm{t}}-\Delta T_{\mathrm{c}}=T_{\mathrm{L}}\left(C_{\mathrm{L}}^{*}\right)-T_{\mathrm{I}} \tag{7-20}$$

至此，用于描述非稀释合金自由枝晶生长的模型建立完毕。在给定总过冷度ΔT和合金初始浓度C_0的条件下，利用该模型可以预测一些重要的凝固参数，如凝固速度V、固相溶质浓度C_{S}^{*}和枝晶尖端曲率半径r。

7.2 模 型 应 用

为适用于非稀释合金，采用固、液相的吉布斯自由能作为模型的原始数据输入。对于 Pb-Sn 合金，吉布斯自由能描述如下：

$$G^i(X,T)=(1-X)G^i(0,T)+XG^i(1,T)+RT\left[X\ln X+(1-X)\ln(1-X)\right]$$
$$+X(1-X)\left[\Omega_0^i+\Omega_1^i(2X-1)\right] \tag{7-21}$$

式中，X 为 Pb 的摩尔分数；T 为温度(K)；上标 i 代表固相 α (具有 BCT 结构)或液相 L；Ω_0^i 和 Ω_1^i 为相互作用参数。相关的热力学参数见表 7-1。这些参数基于 Perepezko 等的实验结果且已通过了 CALPHAD 优化，得到的相图见图 7-1[137]。

表 7-1　Pb-Sn 体系的热力学参数

参数	取值或表达式/(J/mol)
$G^\alpha(0,T)-G^L(0,T)$	$-7103.1+14.0807T-1.47031\times10^{-18}T^7$
$G^\alpha(1,T)-G^L(1,T)$	$-4183.13+11.2704T+6.019\times10^{-19}T^7$
Ω_0^α	$19692.5-15.8939T$
Ω_1^α	0
Ω_0^L	$5367.64+0.93408T$
Ω_1^L	$97.81+0.09353T$

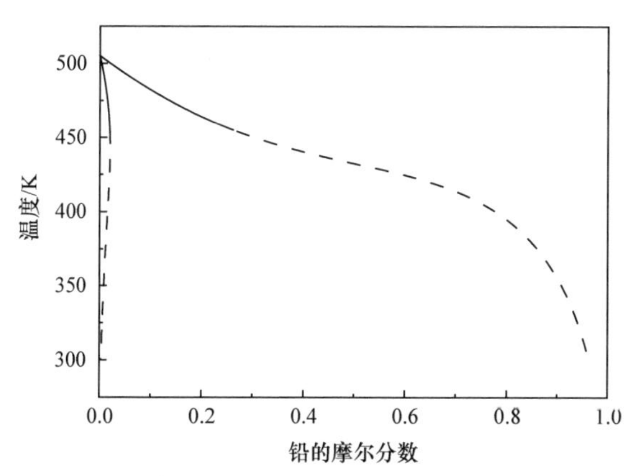

图 7-1　Pb-Sn 相图的富 Sn 部分

虚线表示共晶温度之下的亚稳固相线和液相线

合金的焓 H^i 、液相比热容 C_p 和超过冷度(hypercooling) $\Delta H_f / C_p$ 可以由恒压下的经典热力学公式获得：

$$H^i(X,T) = G^i(X,T) - \partial G^i(X,T) / \partial T \cdot T \tag{7-22a}$$

$$C_p(X,T) = \partial H^L(X,T) / \partial T \tag{7-22b}$$

$$\Delta H_f(X,T) = H^L(X,T) - H^\alpha(X,T) \tag{7-22c}$$

超过冷度与温度和合金初始浓度的关系如图 7-2 所示。需要强调的是，在 7.2.2 小节的线性稳定性分析中，为简化模型的表达式忽略了 $\Delta H_f / C_p$ 的温度依赖性，实际上这一处理对稳定性判据的影响很微弱。此外，假设界面处和液相中的扩散系数具有相同的数值。由于实验数据的缺乏，假设液相中溶质的扩散速度为 10m/s。这些假设并不影响理论的阐述和模型比较的主要结论。其他参数见表 7-2。

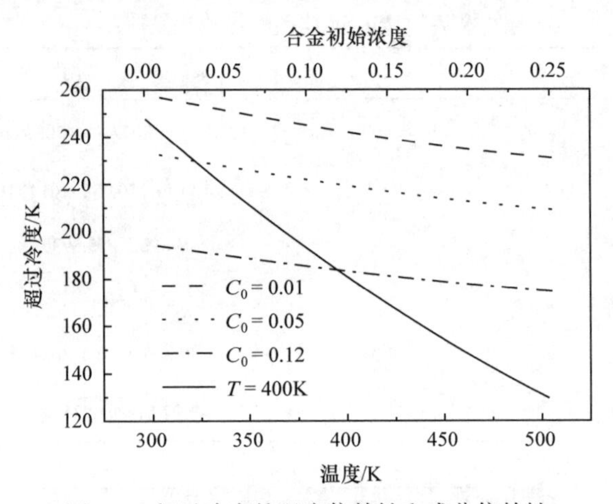

图 7-2　超过冷度的温度依赖性和成分依赖性

表 7-2　Pb-Sn 体系和 $Cu_{70}Ni_{30}$ 合金的热力学与动力学参数[63]

参数	符号	取值或表达式		单位
		Pb-Sn	$Cu_{70}Ni_{30}$	
Pb 或 Ni 的初始浓度	C_0	0～37%	30%	—
超过冷度	$\Delta H_f / C_p$	式(7-14)	402.3	K
毛细管常数	Γ	1.0×10^{-7}	1.3×10^{-7}	K·m
溶质扩散系数	D_L	1.3×10^{-9}	3.0×10^{-9}	m^2/s
热扩散系数	α_L	1.7×10^{-5}	4.5×10^{-6}	m^2/s
液相溶质扩散速度	V_D	10	20	m/s

续表

参数	符号	取值或表达式		单位
		Pb-Sn	$Cu_{70}Ni_{30}$	
界面溶质扩散速度	V_{DI}	2.6	19	m/s
最大结晶速率	V_0	500	553	m/s
点分数	f	1	0.65	—
理想气体常数	R_g	8.314	8.314	J/(mol·K)

为了比较当前模型和王海丰模型[70]在不同合金溶质浓度下的差别，本章选取了三个初始浓度(摩尔分数)，0.01、0.05 和 0.12 作为研究对象。首先将不考虑溶质拖曳影响($\gamma=0$)的当前模型与王海丰模型[70]进行详细的比较分析(图 7-3～图 7-6)；

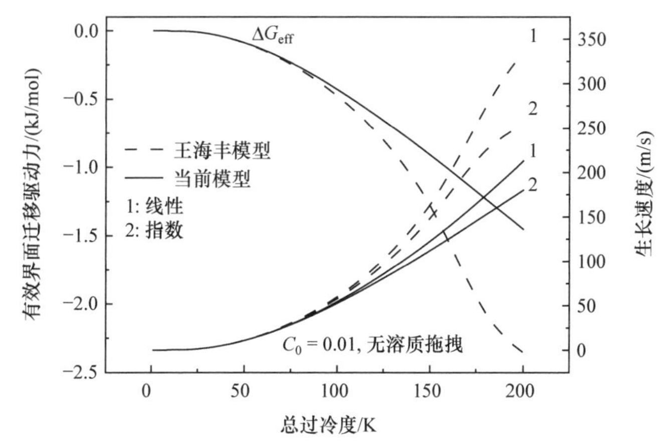

图 7-3　有效界面迁移驱动力和枝晶生长速度随总过冷度的变化关系

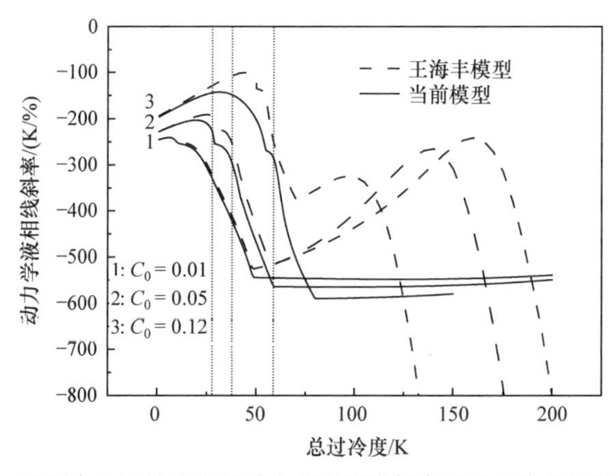

图 7-4　不同合金初始浓度的动力学液相线斜率随总过冷度的变化关系

然后通过图 7-7 特别讨论不同情况下溶质拖曳效应对枝晶凝固行为的影响。图 7-4～图 7-7 中，为了便于表述，以 C_0 =0.05 的曲线为例，把不同的凝固机制分成了四个区域，从低过冷度到高过冷度，这些区域分别代表溶质扩散控制为主的机制、从溶质扩散控制到热扩散控制的过渡机制、热扩散控制为主的机制和纯热扩散控制的机制。

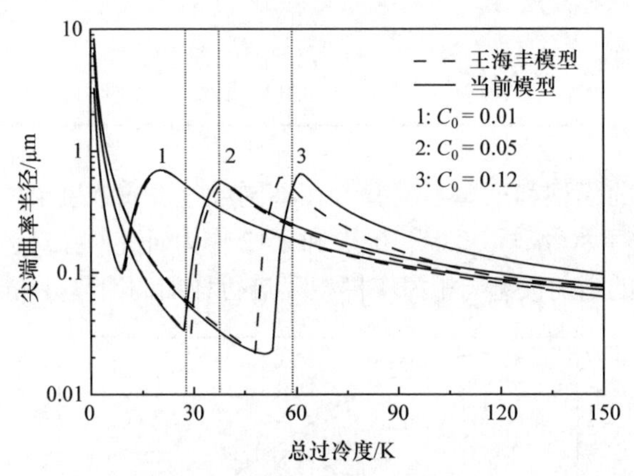

图 7-5　不同合金初始浓度的枝晶尖端曲率半径随总过冷度的变化关系

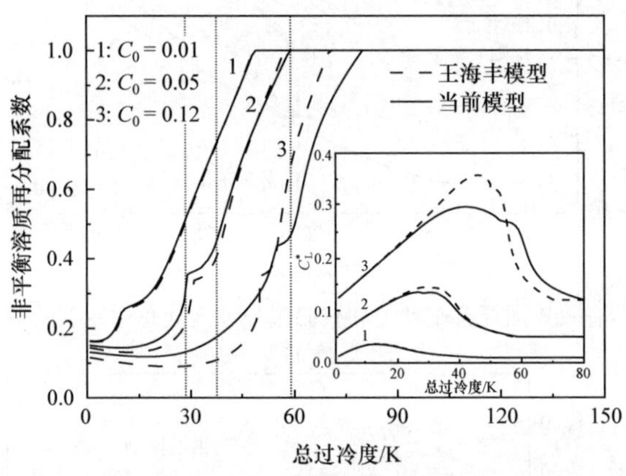

图 7-6　不同合金初始浓度的非平衡溶质再分配系数和界面液相溶质浓度随总过冷度的变化关系

图 7-3 比较了有效界面迁移驱动力 ΔG_{eff} 随总过冷度的变化关系。对于 C_0 = 0.01，两个模型预测之间的差别随着总过冷度的增加而增加，在高总过冷度时差别变得非常大。ΔG_{eff} 的差别包括两部分。一部分差别来自采用 Baker-Cahn 关系[式(1-11)]对实际热力学驱动力的近似，另一部分差别来自在稀释假设下对 Baker-Cahn 关系的进一步简化。对于稀释合金理想熔体，以上近似是合理的，因此第一部分近似带来的差别很小，但是稀释熔体在高总过冷度情况下对于一些相图不能忽略这两部分差别。这些相图类似当前计算选取的 Pb-Sn 相图，在低界面

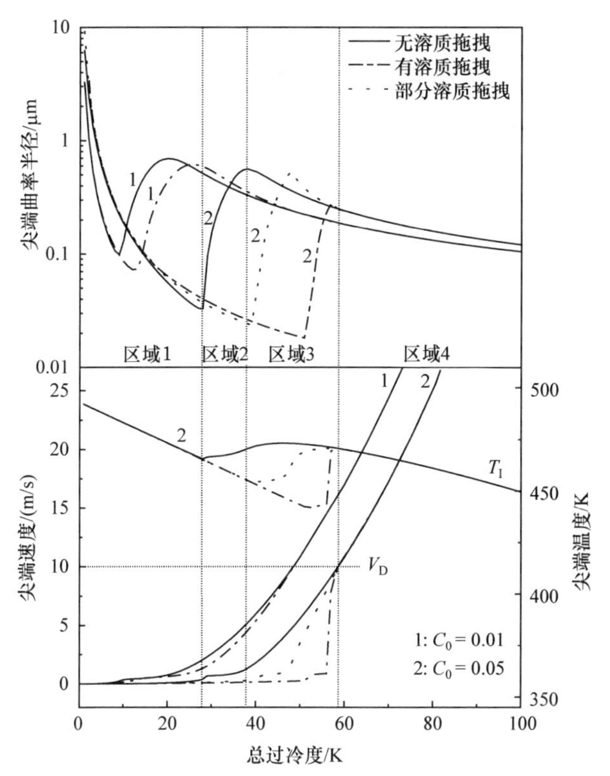

图 7-7　当前模型预测的枝晶尖端曲率半径、速度和温度与总过冷度的关系

温度下平衡固液相溶质浓度 C_S^{eq} 和 C_L^{eq} 根本不满足 $\ln(1+x)\approx x$ 成立的条件，也就是说 C_S^{eq} 和 C_L^{eq} 并非趋近于 0(尤其是 C_L^{eq}，由图 7-1 的亚稳固相线可知)。上述近似正是王海丰模型中对 Baker-Cahn 关系采取的。对于初始溶质浓度 C_0 更大的合金，计算表明上述第二部分差别始终存在，并且第一部分差别也随着 C_0 的增加而逐渐变得明显。这是因为第一部分近似也仅仅限于稀释合金。

由 Turnbull 的碰撞限制生长规则[式(7-2)]，枝晶生长速度强烈依赖于有效界面迁移驱动力 ΔG_{eff}。图 7-3 清晰地反映了这一结论。两个模型的计算都采用了线性生长[式(1-12)]和指数生长[式(7-2)]两种模式。无论哪种生长模式，在高总过冷度情况下 ΔG_{eff} 的显著差别直接导致了枝晶生长速度的明显偏差。两种模式之间的对比也反映了王海丰模型所采用的线性生长模式与当前模型所采用的指数生长模式在高总过冷度时导致的进一步差别。从图 7-3 可以看出，在高过冷度时 V/V_0 的值达到了 0.4($V_0=500\text{m/s}$)。然而，线性近似 $\ln(1-V/V_0)\sim -V/V_0$ 此时根本不恰当。因此，有效界面迁移驱动力 ΔG_{eff} 的不同和界面动力学生长模式的不同综合导致了当前模型与王海丰模型在高总过冷度情况下关于枝晶生长速度预测的显著差别。

图 7-4 为动力学液相线斜率 M 与总过冷度 ΔT 之间的关系。与当前模型相比，王海丰模型在纯热扩散控制区域展现了一个 M 随着 ΔT 的强烈波动。这主要是由王海丰模型对有效界面迁移驱动力 ΔG_{eff} 的上述第二部分简化引起的，这一简化导致了 M 对平衡液相线斜率 $m_{\mathrm{L}}(T_{\mathrm{I}})$ 和平衡固相线斜率 $m_{\mathrm{S}}(T_{\mathrm{I}})$ 的敏感性。动力学液相线斜率 M 在纯热扩散控制区域对枝晶尖端曲率半径没有影响，在热扩散控制为主的区域具有较小的影响。由图 7-4 可以看到王海丰模型高估了动力学液相线斜率 M，这将间接影响枝晶尖端曲率半径的过渡区域位置。

图 7-5 给出了枝晶尖端曲率半径 r 与总过冷度 ΔT 之间的关系。值得注意的是：当 $C_0 = 0.01$ 时，模型预测近似一致；对于 $C_0 = 0.05$，王海丰模型预测的过渡区域位置相对偏右；当 $C_0 = 0.12$ 时，其预测相对于当前模型结果又偏左。数值计算表明，$C_0 = 0.09$ 时两模型预测的过渡区域位置再次近似一致。产生这一反常现象有两方面原因。其一是王海丰模型高估了动力学液相线斜率 M。由式(7-14a)可知，M 的增加有利于溶质扩散控制机制。其二原因如图 7-3 所示，王海丰模型低估了枝晶生长速度，尤其是在高总过冷度情况下。大的凝固速度将抑制溶质扩散，同时加速溶质截留的发生。上述两个相反的因素相互竞争，最终导致了这一反常结果的发生。这并不意味着王海丰模型适用于合金初始浓度的情况(非稀释合金)，这一枝晶尖端曲率半径预测结果的一致性仅仅是一个巧合。

为了比较溶质截留现象，图 7-6 给出了非平衡溶质再分配系数 k 随着总过冷度 ΔT 的变化关系。小图为界面处的液相溶质浓度 C_{L}^* 与 ΔT 的关系，表明 k 的显著差别主要发生在 $C_{\mathrm{L}}^* > 0.1$ 的情况下。这一结论可以用溶质偏析模型[式(7-3)和式(7-4)]来理解。王海丰模型中对式(7-3a)的简化除了用 k_{e}' 来替换 κ_{e}' 外，还忽略了 $(1-\kappa_{\mathrm{e}}')C_{\mathrm{L}}^*$ 这一项。因此，当 $C_{\mathrm{L}}^* > 0.1$ 时，上述简化将带来较大的误差。相关的详细讨论见 Aziz 等[20]和 Galenko[23]的工作。

综合比较图 7-3～图 7-6，需要注意的是：随着 C_0 的增加，除了尖端曲率半径 r 的特殊情况外，两个模型预测结果之间的差别也逐渐增加，这体现了本章模型扩展的必要性。对于稀释合金($C_0 = 0.01$)需要强调的是，在低总过冷度情况下，王海丰模型[70]的确是当前模型的一个很好近似。然而，在高总过冷度情况下，即使对于稀释合金，两个模型关于 V 和 M 的预测差别也十分明显。上述分析表明，这主要是由王海丰模型中采取的过度简化假设导致的。相比之下，当前模型没有引入任何相关假设。

凝固过程中是否应该考虑溶质拖曳效应，目前还存在较大争论[102-104]。对于 $C_0 = 0.05$，图 7-7 给出了枝晶尖端曲率半径、尖端速度和尖端温度随着总过冷度的变化关系，同时考虑了有溶质拖曳、部分溶质拖曳($\gamma = 0.5$)及非溶质拖曳三种情况。作为示例，对于非溶质拖曳的情况标记了区域 1～4 以分别代表不同的凝固机制，包括纯热扩散控制机制、以热扩散控制为主向溶质扩散控制为主的过渡机制等。

图 7-7 表明，溶质拖曳的影响主要在区域 2 和 3 这样速度适中的范围内。在区域 4($V \geqslant V_D$)，由于弛豫效应，没有任何的溶质扩散发生($C_L^* = C_S^*$)。因此，在该区域溶质拖曳对凝固行为没有任何影响。在区域 1，溶质拖曳的影响较小，这是因为在该速度范围凝固趋近于平衡。平衡凝固将产生较小的化学势差 $\Delta\mu_A$ 和 $\Delta\mu_B$，并进一步产生较小的溶质拖曳吉布斯自由能 ΔG_D。从图 7-7 还可以发现，随着溶质拖曳效应的增加($\gamma:0 \to 1$)，过渡区域向高总过冷度方向移动，由于界面速度的降低，区域 1 被扩展。同时，区域 3 由于弛豫效应，界面速度的变化更加急剧。尖端温度曲线表明，在速度适中的区域，溶质拖曳效应可以明显降低界面温度，这意味着热过冷度降低，同时溶质过冷度增加。

为了比较不同初始浓度 C_0 的合金溶质拖曳效应对凝固行为的影响，图 7-7 给出了 $C_0 = 0.01$ 的相关预测结果。可以看出，随着 C_0 的增加，溶质拖曳对凝固行为的影响增加。因此，为了验证溶质拖曳效应，最好选择溶质浓度较大的合金作为测试对象。接下来将把模型应用于典型的非稀释合金 $Cu_{70}Ni_{30}$，与实验结果比较的同时，检验是否应该考虑溶质拖曳效应。

为了检验本章建立的扩展的自由枝晶生长模型对非稀释合金的适用性，利用现有实验数据将模型应用到 $Cu_{70}Ni_{30}$ 合金。模型计算结果如图 7-8 所示，同时给出了王海丰模型[70]、GD 模型[67]及 BCT 模型[68]的预测结果。对比实验数据可以发现，当前模型关于枝晶生长速度与总过冷度关系的描述与实验结果具有较好的一致性。相比之下，其他模型都有不同程度的偏差，这证明了本章的模型扩展是成功的。上述模型预测结果之间产生偏差的原因总结如下。王海丰模型、GD 模型及 BCT 模型逐渐加深了有效界面迁移驱动力的简化和假设程度。首先，对于简化

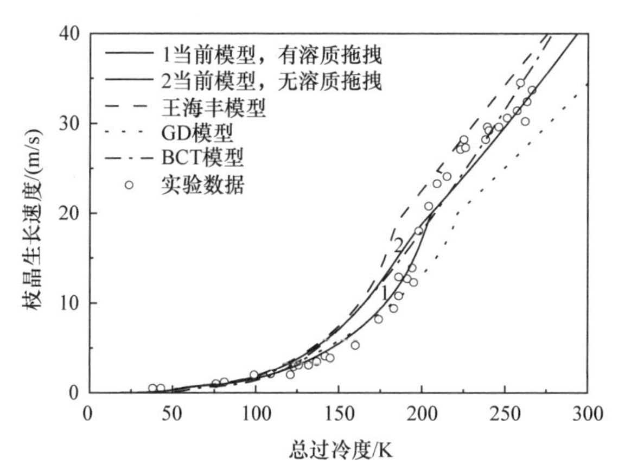

图 7-8　关于 $Cu_{70}Ni_{30}$ 合金的模型预测结果与实验数据的对比($f = 0.65$)

程度最小的王海丰模型来说，前文分析表明其简化来源于两个方面。一方面是采用基于理想熔体模型的 Baker-Chan 关系对实际热力学模型的简化，另一方面是对 Baker-Chan 关系在稀释合金条件下的进一步简化近似。这些简化足以使有效驱动吉布斯自由能控制下的迁移速度产生明显的偏差，尤其是在高总过冷度情况下。其次，GD 模型和 BCT 模型又进一步引入了线性固相线和液相线假设，这也是带来模型预测偏差的一个重要原因，线性相边界的假设对于大多数相图是完全不合适的或者偏差很大的。最后，BCT 模型忽略了液相溶质非平衡扩散的迟豫效应而更加简化，使该模型不能预测凝固速度随总过冷度的变化由指数增长到线性增长的转变。

7.3 本章小结

作为过冷合金熔体非平衡枝晶凝固建模的系列研究，本章在作者前期建立的适用于非稀释合金的平界面响应函数中引入了曲率修正；基于作者前期建立的平界面形貌稳定性模型及 Langer 和 Müller-Krumbhaar 的理论分析，推导出了枝晶尖端曲率半径的表达式；并结合这两部分的结果和 Galenko 的非稀释合金的溶质偏析模型，以及 Ivantsov 关于液相中热扩散和溶质扩散的求解结果，建立了一个适用于非稀释合金的自由枝晶生长模型。该模型在其涉及的所有方面去除了稀释假设，充分保证了模型的自洽性，同时该模型充分考虑了日益被实验证实的液相中溶质非平衡扩散的弛豫效应。当应用到典型的非稀释合金 $Cu_{70}Ni_{30}$ 时，模型预测与实验结果几乎一致。当应用到 Pb-Sn 体系时，对该模型与王海丰模型进行了详细的比较分析。结果表明，随着合金初始浓度的增加，除了尖端曲率半径 r 的特殊情况外，两个模型预测结果之间的差别逐渐增加；对于在低总过冷度情况下的稀释合金，王海丰模型的确是本章模型的一个很好近似；然而，在高总过冷度情况下，即使对于稀释合金，两个模型关于凝固速度和动力学液相线斜率的预测差别也十分明显。这体现了本章模型扩展到非稀释合金的必要性和正确性。此外，本章模型不仅适用于非稀释合金，而且对于稀释合金也较现有模型更加完善。

第8章　基于热力学-动力学相关性的界面动力学建模及枝晶凝固模型

相变过程除了受特定热力学条件下的驱动力影响外，还取决于母相到新相转变所需跨越的动力学能垒。如果该动力学过程是原子的热激活过程，则能垒为热激活能；如果受原子的扩散控制，则能垒为扩散激活能；若受其他机制控制，则为相应的动力学能垒。一个相变过程的进行，正是在热力学驱动力和动力学能垒两者的共同控制下完成的。重要的是，两者并非完全独立，而是存在一定的相关性。大量实验表明，若从驱动力和能垒的相关性角度考虑，凝固与固态相变过程均满足如下规律：随热力学驱动力增加，动力学机制从高能垒模式向低能垒模式连续转变。过冷熔体的枝晶凝固同样满足上述规律。当过冷度较小时，凝固表现为能垒相对较大的溶质扩散控制机制；随着过冷度的增大，即热力学驱动力的增大，凝固逐渐转变为能垒相对较小的热扩散控制机制；当热力学驱动力继续增大，过冷度超过某一临界值后，完全的溶质截留发生，凝固为纯热扩散控制。传统相变理论研究大多假设能垒为常数，而使驱动力随着不同的热力学条件或反应进程变化；甚至完全不从能垒的角度考虑，而采用为常数的界面迁移率、扩散系数等简化的唯象物理量。这将导致对相变规律的探索存在一定程度的偏差，甚至无法揭示其本质规律。作为本书的第三部分工作，本章聚焦界面动力学，从热力学驱动力和动力学能垒的协同作用、共同决定相变过程的角度考虑，在界面动力学中引入有效动力学能垒的影响，进行界面动力学建模，进而建立考虑了热力学-动力学相关性的枝晶凝固模型[132]。

8.1　模 型 描 述

8.1.1　界面动力学

传统相变理论普遍采用 Turnbull 的碰撞限制生长模式来描述金属或合金的相界面动力学，其给出凝固速度 V 和热力学驱动力 ΔG 的关系如下[65-66]：

$$V = V_0\left[1-\exp\left(\Delta G / R_g T_1\right)\right] \tag{8-1}$$

式中，V_0 为与金属中声速量级相当的速率常数（m/s）；R_g 为理想气体常数

[J/(mol·K)]；T_{I}为界面温度(K)。碰撞限制生长模式认为结晶速率由原子与晶体表面的碰撞频率决定，因此碰撞过程不是热激活的。V_0也可以被看作是相变驱动力无限大情况下的最大结晶速率。严格来说，碰撞限制生长模式仅仅适用于纯金属或单组分熔体。这是因为合金还存在着另外一种控制相变行为的机制，即短程扩散限制生长模式。这意味着式(8-1)也仅仅适用于过冷度足够高的情况，此时完全的溶质截留发生，即无偏析凝固。在低过冷度情况下，合金定会发生溶质偏析，其仅仅能够通过界面处溶质和溶剂原子的互扩散过程来实现。扩散过程是热激活过程，将导致界面迁移变缓。因此，正如 Aziz 和 Boettinger 的提议，对于合金在低过冷度情况下，采用如下短程扩散限制生长模式更为合理[64]：

$$V = V_{\mathrm{DI}}\left[1-\exp\left(\Delta G / R_{\mathrm{g}}T_{\mathrm{I}}\right)\right] \tag{8-2}$$

式中，V_{DI}为界面处的扩散速度(m/s)。

上述两种生长模式各自代表了一种单一动力学能垒的极限情况。碰撞限制生长模式适用于纯热扩散控制相变情况，可以认为是极低能垒或无能垒。短程扩散限制生长模式代表了纯溶质扩散控制生长情况，扩散过程需要热激活，因而可以被认为是高能垒过程。实际的合金相变过程同时存在着热扩散和溶质扩散，因此也就同时存在着上述两种界面动力学机制，不能采用上述任何一种单一机制建模。可以这样理解：不同的过冷度情况下(也就是不同的热力学驱动力)，上述两种极限生长模式的权重会发生改变，于是有效动力学能垒也会随之变化。为更合理地对合金的凝固过程进行建模，需要考虑热力学驱动力与动力学能垒的相关性。上述两种界面动力学各自只代表了一种单一不变的动力学能垒。

为统一碰撞限制生长模式和短程扩散限制生长模式这两种界面动力学因素，将其分别还原为基于能垒的表达形式如下：

$$V = V_0\exp\left(-Q_{\mathrm{T}} / R_{\mathrm{g}}T_{\mathrm{I}}\right)\left[1-\exp\left(\Delta G / R_{\mathrm{g}}T_{\mathrm{I}}\right)\right] \tag{8-3}$$

$$V = V_0\exp\left(-Q_{\mathrm{D}} / R_{\mathrm{g}}T_{\mathrm{I}}\right)\left[1-\exp\left(\Delta G / R_{\mathrm{g}}T_{\mathrm{I}}\right)\right] \tag{8-4}$$

式(8-3)对应碰撞限制生长模式，式(8-4)对应短程扩散限制生长模式，Q_{T}和Q_{D}分别为热扩散和溶质扩散的激活能(J/mol)。热扩散系数通常比溶质扩散系数大三个数量级，因此可以近似认为Q_{T}是 0。此处，引入界面扩散速度V_{DI}的定义：

$$V_{\mathrm{DI}} \equiv V_0\exp\left(-Q_{\mathrm{D}} / R_{\mathrm{g}}T_{\mathrm{I}}\right) \tag{8-5}$$

严格来说，式(8-3)只适用于足够低过冷度下的近平衡凝固，式(8-4)只适用于足够高过冷度下的无偏析凝固。实际凝固过程中，对于其他过冷度区间，随着过冷度的逐渐增加，上述两种界面动力学模式共存，并由短程扩散限制为主逐步转变为碰撞限制模式为主，这一过程对应于能垒 Q_D 到 Q_T 渐变。因此，为更合理地建模，引入有效动力学能垒 Q_{eff}，并定义如下：

$$Q_{eff}(\eta) = \eta Q_D + (1-\eta) Q_T \tag{8-6}$$

式中，新引入的参数 η 代表着某一动力学状态，当 $\eta = 0$ 时，$Q_{eff} = Q_T$，简化为碰撞限制生长模式；当 $\eta = 1$ 时，$Q_{eff} = Q_D$，简化为短程扩散限制生长模式；η 在 0 到 1 之间变化时代表着两种界面动力学模式共存并在两者间转化。于是，统一后的界面动力学可以描述如下：

$$V = V_0 \exp\left(-Q_{eff} / R_g T_I\right)\left[1 - \exp\left(\Delta G_{eff} / R_g T_I\right)\right] \tag{8-7}$$

热力学驱动力 ΔG 也由有效热力学驱动力 ΔG_{eff} 来替换，并定义为

$$\Delta G_{eff} = \Delta G_C - \beta \Delta G_D \tag{8-8}$$

式中，G_C 为结晶吉布斯自由能(J / mol)；G_D 为溶质拖曳吉布斯自由能(J / mol)，对应于溶质、溶剂原子再分配的吉布斯自由能；β 为溶质拖曳因子(无量纲)。

引入有效动力学前因子 V_0^{eff} 并将其定义为

$$V_0^{eff} = V_0 \exp\left(-Q_{eff} / R_g T_I\right) \tag{8-9}$$

式(8-7)可改写如下：

$$V = V_0^{eff}(\eta)\left[1 - \exp\left(\Delta G_{eff} / R_g T_I\right)\right] \tag{8-10}$$

式中，V_0^{eff} 还可以表示为

$$V_0^{eff} = V_0 \left(V_{DI} / V_0\right)^{\eta} \tag{8-11}$$

或

$$V_0^{eff} = V_0 \left[\exp\left(-Q_D / R_g T_I\right)\right]^{\eta} \tag{8-12}$$

至此，新建模的界面动力学引入了一个可变的有效动力学能垒 Q_{eff}，并将其用关键参数 η 来表征。针对有效动力学能垒 Q_{eff} 与有效热力学驱动力 ΔG_{eff} 的相关性规律这一关键科学问题，本章共计提出了四种具有潜在可能性的相关性情况。

假设完全的溶质截留对应于由 ΔG_{eff}^* 表示的临界状态，即溶质再分配系数 $k = 1$，$\eta = 0$ 和 $V = V_D$；相比之下，可以忽略 ΔG_{eff} 的状态，对应于 $k = k_e$，$\eta \to 1$ 和 $V \to 0$。随着 ΔG_{eff} 从 0 增加到 ΔG_{eff}^*，凝固机制由短程扩散限制生长模式转变为碰撞限制生长模式(即由扩散控制生长转变为热控制生长)，参数 η 在 0～1 连续变化。为了确定 Q_{eff} 和 ΔG_{eff} 之间的关系，必须根据式(8-6)指定 η 和 ΔG_{eff} 之间的函数关系。模式 1 假设 η 和 ΔG_{eff} 在[0, ΔG_{eff}^*]的范围内为线性关系，即当

$V < V_D$时，

$$\eta_{\text{Mode 1}} = 1 - \Delta G_{\text{eff}} / \Delta G_{\text{eff}}^{*} \tag{8-13}$$

式中，$\Delta G_{\text{eff}}^{*}$对应于$V = V_D$时的临界过冷度$\Delta T^{*}$(K)；对于$V \geqslant V_D$，$\eta$为0且保持不变，表示碰撞限制生长模式。基于模式1，Q_{eff}和ΔG_{eff}之间的线性关系可以表示为$Q_{\text{eff}} = Q_D - \Delta G_{\text{eff}} / \Delta G_{\text{eff}}^{*}(Q_D - Q_T)$。

类似地，模式2假定η与ΔG_{eff}呈指数关系，当$\Delta G_{\text{eff}} < \Delta G_{\text{eff}}^{*}$时，

$$\eta_{\text{Mode 2}} = \frac{\exp\left(\Delta G_{\text{eff}} / R_g T_I\right) - \exp\left(\Delta G_{\text{eff}}^{*} / R_g T_I\right)}{1 - \exp\left(\Delta G_{\text{eff}}^{*} / R_g T_I\right)} \tag{8-14}$$

式中，对于$\Delta G_{\text{eff}} \geqslant \Delta G_{\text{eff}}^{*}$，$\eta \equiv 0$总是成立的；在$V / V_0^{\text{eff}}$趋于零的条件下，$\Delta G_{\text{eff}}$趋于零并且模式2简化为模式1。

考虑到η与其他热力学参数之间可能存在的关系，还有另外两种模式。假设η和k之间存在线性关系，即对于$k = k_e$，$\eta = 1$；对于$k = 1$，$\eta = 0$；对于$k_e < k < 1$，有

$$\eta_{\text{Mode 3}} = \frac{1 - k}{1 - k_e} \tag{8-15}$$

假设η与差值$C_L^{*} - C_S^{*}$呈线性关系，当$V = 0$时，$C_L^{*} - C_S^{*} = C_L^{\text{eq}} - C_S^{\text{eq}}$，且$\eta = 1$；当$V = V_D$时，$C_L^{*} - C_S^{*} = 0$，且$\eta = 0$；在$C_L^{*} - C_S^{*}$取其他值的情况下，$\eta$表示为

$$\eta_{\text{Mode 4}} = \frac{C_L^{*} - C_S^{*}}{C_L^{\text{eq}} - C_S^{\text{eq}}} = \frac{C_L^{*}(1 - k)}{C_L^{\text{eq}}(1 - k_e)} \tag{8-16}$$

式中，C_L^{*}、C_S^{*}、C_L^{eq}和C_S^{eq}为固液界面的溶质浓度(摩尔分数)，上标“eq”表示平衡值。

合并式(8-13)～式(8-16)、式(8-6)、式(8-10)，可以得到有效热力学驱动力与动力学能垒之间的不同相关性。

8.1.2　平界面迁移

在合金熔体的平界面稳态迁移过程中，C_S^{*}是一个常数，等于平衡值C_S^{eq}和合金的初始浓度C_0。在这种情况下，由式(8-16)定义的模式4简化为以下表达式：

$$\eta_{\text{Mode 4}} = \frac{k_e(1 - k)}{k(1 - k_e)} \tag{8-17}$$

对于非稀释合金，ΔG_{eff}可以用基于CALPHAD的亚正规溶液模型进行数值

计算和热力学计算。对于稀释合金，基于亨利定律及 Baker 和 Cahn 对溶质和溶剂化学势的近似，给出如下的解析表达式：

$$\Delta G_{\mathrm{eff}}=R_{\mathrm{g}}T_{\mathrm{I}}\left(C_{\mathrm{S}}^{\mathrm{eq}}-C_{\mathrm{L}}^{\mathrm{eq}}+C_{\mathrm{L}}^{*}\left\{1-k+\left[k+(1-k)\beta\right]\ln\frac{k}{k_{\mathrm{e}}}+(1-k)^{2}\frac{V}{V_{\mathrm{D}}}\right\}\right) \tag{8-18}$$

式中，β 为溶质拖曳因子(无量纲)，用来统一有溶质拖曳($\beta=1$)和没有溶质拖曳($\beta=0$)两种情况。对于线性固相线和液相线假设，式(8-18)可简化为

$$\Delta G_{\mathrm{eff}}=R_{\mathrm{g}}T_{\mathrm{I}}(1-k_{\mathrm{e}})\left[T_{\mathrm{m}}+C_{\mathrm{L}}^{*}m(V)-T_{\mathrm{I}}\right]/m_{\mathrm{L}} \tag{8-19}$$

式中，T_{m} 为溶剂的平衡熔化温度(K)；m_{L} 为平衡液相线的斜率($\mathrm{K}/\%$)；$m(V)$ 为动力学液相线斜率($\mathrm{K}/\%$)，由式(8-20)定义：

$$m(V)=\frac{m_{\mathrm{L}}}{1-k_{\mathrm{e}}}\left\{1-k+\left[k+(1-k)\beta\right]\ln\frac{k}{k_{\mathrm{e}}}+(1-k)^{2}\frac{V}{V_{\mathrm{D}}}\right\} \tag{8-20}$$

式(8-18)和式(8-20)在 $V\geqslant V_{\mathrm{D}}$ 时可以进一步简化，此时 $k=1$，即发生完全溶质截留。

当凝固速度 V 相对于 V_0^{eff} 较小时，式(8-10)可进一步近似为

$$V=-V_0^{\mathrm{eff}}(\eta)\Delta G_{\mathrm{eff}}/R_{\mathrm{g}}T_{\mathrm{I}} \tag{8-21}$$

将式(8-19)代入式(8-21)，界面温度 T_{I} 可描述为

$$T_{\mathrm{I}}=T_{\mathrm{m}}+C_{\mathrm{L}}^{*}m(V)+\left(\frac{m_{\mathrm{L}}}{1-k_{\mathrm{e}}}\right)\frac{V}{V_0^{\mathrm{eff}}(\eta)} \tag{8-22}$$

对于稀释二元合金，考虑到局域非平衡溶质扩散的弛豫效应，溶质再分配系数 k 由 Sobolev 公式给出[22,102]：

$$k=\frac{\left(1-V^{2}/V_{\mathrm{D}}^{2}\right)k_{\mathrm{e}}+V/V_{\mathrm{DI}}}{1-V^{2}/V_{\mathrm{D}}^{2}+V/V_{\mathrm{DI}}},\quad V<V_{\mathrm{D}} \tag{8-23a}$$

$$k=1,\quad V\geqslant V_{\mathrm{D}} \tag{8-23b}$$

综合式(8-20)、式(8-22)、式(8-23a)和式(8-23b)，采用模式 1～4 中任一种模式，即可描述最终的平界面凝固行为。

8.1.3　自由枝晶生长

为了进一步建模自由枝晶生长，需要引入另一个物理量，即曲率半径 r 来表示枝晶尖端的形貌。基于 MarST，曲率半径 r 被描述为[104-105]

$$r = \frac{\Gamma / \sigma^*}{\dfrac{\Delta H_\mathrm{f}}{C_\mathrm{p}} Pe_\mathrm{t}\xi_\mathrm{t} + \dfrac{2m(V)C_\mathrm{L}^*(k-1)}{1-V^2/V_\mathrm{D}^2} Pe_\mathrm{c}\xi_\mathrm{c}}, \quad V < V_\mathrm{D} \tag{8-24a}$$

$$r = \frac{\Gamma / \sigma^*}{\dfrac{\Delta H_\mathrm{f}}{C_\mathrm{p}} Pe_\mathrm{t}\xi_\mathrm{t}}, \quad V \geqslant V_\mathrm{D} \tag{8-24b}$$

式中，Γ 为毛细管常数($\mathrm{K \cdot m}$)；σ^* 为稳定常数(无量纲)，$\sigma^* \approx 1/(4\pi^2)$；$Pe_\mathrm{t}$ 为由 $Pe_\mathrm{t} = rV/(2\alpha_\mathrm{L})$ 定义的热佩克莱数(无量纲)；Pe_c 为由 $Pe_\mathrm{c} = rV/(2D_\mathrm{L})$ 定义的溶质佩克莱数(无量纲)；α_L 和 D_L 分别为液相中的热扩散系数和溶质扩散系数($\mathrm{m^2/s}$)；ΔH_f 为熔化潜热($\mathrm{J/mol}$)；C_p 为液态合金的比热容[$\mathrm{J/(mol \cdot K)}$]；参数 ξ_t 和 ξ_c 由式(8-25)定义：

$$\xi_\mathrm{t} = 1 - \frac{1}{\sqrt{1 + 1/\left(\sigma^* Pe_\mathrm{t}^2\right)}} \tag{8-25}$$

$$\xi_\mathrm{c} = 1 - \frac{2k}{2k - 1 + \sqrt{1 + \left(1 - V^2/V_\mathrm{D}^2\right)/\left(\sigma^* Pe_\mathrm{c}^2\right)}}, \quad V < V_\mathrm{D} \tag{8-26a}$$

$$\xi_\mathrm{c} = 0, \quad V \geqslant V_\mathrm{D} \tag{8-26b}$$

基于本章建立的界面动力学，结合式(8-21)、式(8-24a)和式(8-24b)，假设线性固相线和液相线，界面响应函数可以修改为

$$T_\mathrm{I} = T_\mathrm{m} + C_\mathrm{L}^* m(V) + \left(\frac{m_\mathrm{L}}{1-k_\mathrm{e}}\right)\frac{V}{V_0^\mathrm{eff}(\eta)} - \frac{2\Gamma}{r} \tag{8-27}$$

基于式(8-27)，总过冷度 ΔT 可以被描述为

$$\Delta T = \left[m_\mathrm{L} C_0 - m(V) C_\mathrm{L}^*\right] + \frac{2\Gamma}{r} - \left(\frac{m_\mathrm{L}}{1-k_\mathrm{e}}\right)\frac{V}{V_0^\mathrm{eff}(\eta)} + \frac{\Delta H_\mathrm{f}}{C_\mathrm{p}} \mathrm{Iv}\left(Pe_\mathrm{t}\right) \tag{8-28}$$

式中，Iv 为 Ivantsov 函数。在式(8-28)的等号右侧，这四项依次代表溶质过冷度、曲率过冷度、动力学过冷度和热过冷度。总过冷度 ΔT 由 $\Delta T = T_\mathrm{m} + m_\mathrm{L} C_0 - T_\infty$ 定义，其中 T_∞ 为远离界面的熔体温度。热过冷度通过在液相区求解热扩散方程得到。通过求解液相区溶质扩散方程，得到界面处液相溶质浓度为[104-105]

$$C_\mathrm{L}^* = \frac{C_0}{1 - (1-k)\mathrm{Iv}\left(P_\mathrm{c}\right)} \tag{8-29}$$

假设线性液相线和固相线，溶质偏析模型也可用式(8-23a)和式(8-24b)描述。至此，已成功建立了考虑了热力学-动力学相关性的界面动力学模型及枝晶凝固模型。本模型中如果忽略热力学与动力学之间的关系，即假设在任意 η 值的情况下，

式(8-22)、式(8-27)和式(8-28)中的 $V_0^{\text{eff}}(\eta) \equiv V_0$，本模型将简化为以前的版本[104-105]，只考虑了碰撞限制生长机制。值得注意的是，作为热力学-动力学相关性规律的初步探索，为简单起见，本模型仅适用于具有线性液相线和固相线的稀释二元合金。对于含有非线性液相线和固相线的合金或非稀释合金，可以参照本书第 7 章非稀释合金的建模过程对本模型进行进一步扩展。此外，也可以结合本章和第 7 章的工作，对非等温、非等溶质系列枝晶凝固建模进行进一步完善。

8.2　模 型 应 用

8.2.1　平界面迁移

对于 Al-0.5%Be 合金凝固时的平面界面迁移，本小节对所建立的考虑了热力学-动力学相关性的模型与基于 Turnbull 的碰撞限制生长模式的 GD 模型进行了详细的比较，以讨论热力学-动力学相关性的影响[24]。由于本模型同时考虑了短程扩散限制生长模式和碰撞限制生长模式这两种生长模式，模型中引入了变化的有效动力学前因子 $V_0^{\text{eff}}(\eta)$，而现有模型中普遍采用最大结晶速率 V_0 作为恒定不变的动力学前因子[104-105]。与先前模型对比，本模型考虑热力学-动力学相关性带来的模型描述上的改进主要在于 $V_0^{\text{eff}}(\eta)$；如果在所有 η 值都用恒定的动力学前因子 V_0 代替变化的 $V_0^{\text{eff}}(\eta)$，则本模型转化为 GD 模型[104-105]。因此，V_0^{eff}/V_0 是讨论本模型与先前模型区别的一个主要参数。

接下来，本小节首先讨论模型参数 V_0^{eff}/V_0 带来的影响，其次讨论不同生长模式对界面温度的影响，最后分析热力学-动力学相关性模式 1～4 的差异。Al-0.5%Be 合金相关参数见表 8-1。为简单起见，图 8-1～图 8-5 中所示的结果都是基于相关性模式 4 计算的。需要说明的是，利用相关性模式 1～3 同样可以得出类似结论。此外，图 8-1～图 8-6 中所示的所有结果都是对于 Al-0.5%Be 合金在没有溶质拖曳效应的情况下计算获得的($\beta=0$)。

表 8-1　模型计算中使用的 Al-0.5%Be 合金的参数

参数	符号	数值	单位
纯铝的平衡熔化温度	T_m	933.58	K
液相线斜率	m_L	–6.44	K / %
平衡溶质再分配系数	k_e	0.0429	—
界面溶质扩散速度	V_D	∞	m / s
最大结晶速率	V_0	1000	m / s

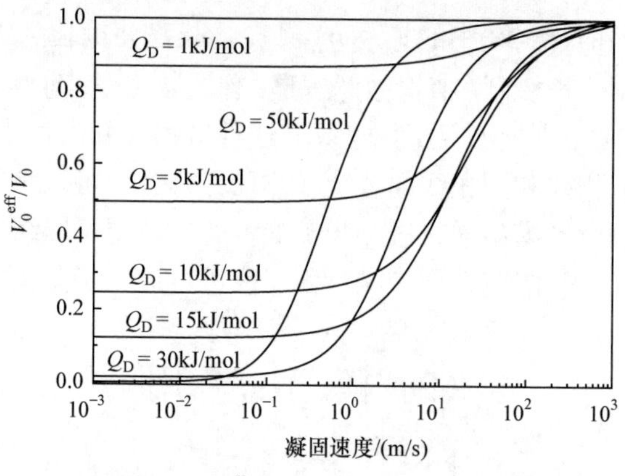

图 8-1　V_0^{eff}/V_0 与凝固速度的关系

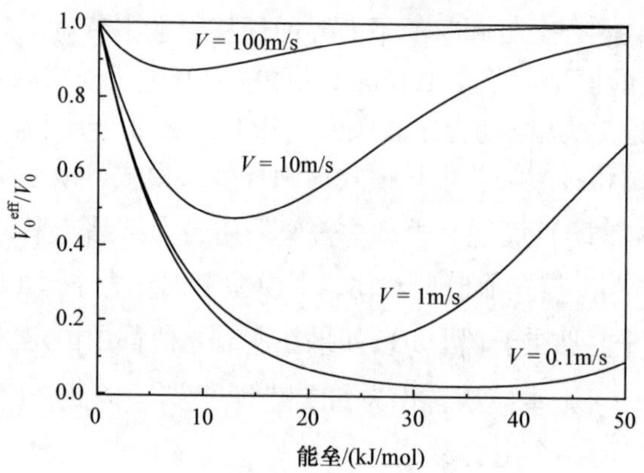

图 8-2　不同界面速度下 V_0^{eff}/V_0 与能垒 Q_D 的关系

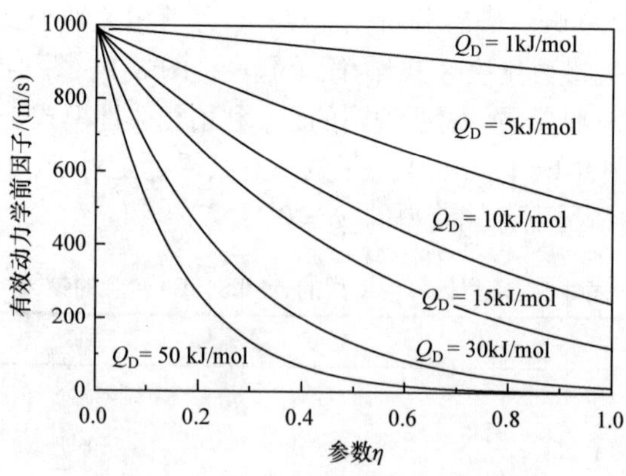

图 8-3　有效动力学前因子与 η 的关系

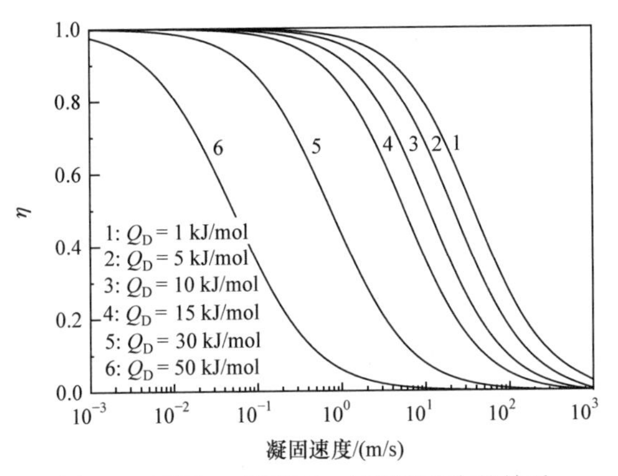

图 8-4　不同 Q_D 情况下 η 与凝固速度的关系

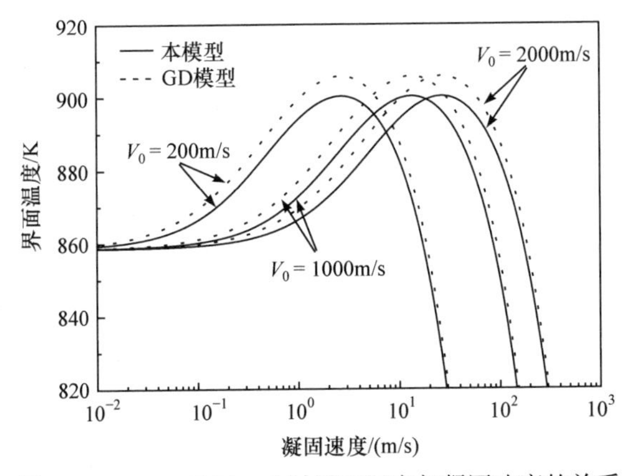

图 8-5　$Q_D = 20\text{kJ}/\text{mol}$ 时界面温度与凝固速度的关系

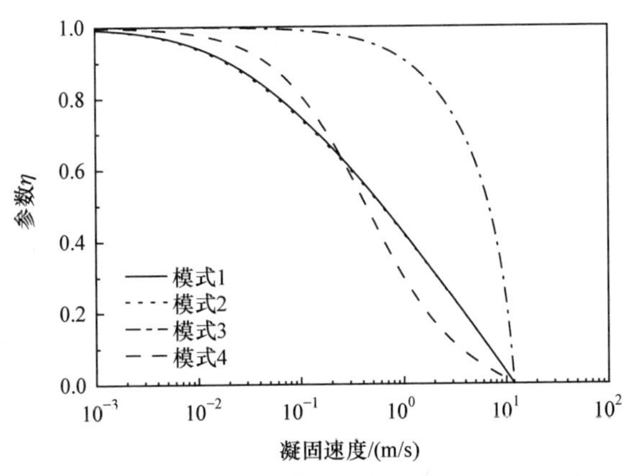

图 8-6　不同相关性模式下参数 η 与凝固速度的关系

图 8-1 示出了对于不同的能垒 Q_D 值，动力学前因子比值 V_0^{eff}/V_0 随凝固速度

V 的变化。结果表明，当 Q_D 足够低时(如 $V = 0.01\text{m/s}$)，比值 V_0^{eff}/V_0 随 Q_D 的增大而减小，此时参数 η 近似等于 1。根据式(8-12)，Q_D 是 V_0^{eff} 的主要决定因素。然而，在相对较大的速度下，上述单调性消失。为了更清楚地说明这一有趣的现象，图 8-2 显示了在四种选定的凝固速度情况下，比值 V_0^{eff}/V_0 与 Q_D 的关系。可见，该比值随 Q_D 的增加先减小后增大。这是由于 Q_D 的增加不仅通过式(8-12)中 $V_0^{\text{eff}} = V_0\left[\exp\left(-Q_D/R_g T_I\right)\right]^{\eta}$ 直接降低 V_0^{eff}，而且还通过抑制溶质分配而降低 η，进而间接提高 V_0^{eff}。因此，存在两个相反因素决定着 V_0^{eff} 与 V_0 的比值。

为进一步分析相对较大速度下比值 V_0^{eff}/V_0 与 Q_D 的非单调性，对于六个给定的 Q_D 值，图 8-3 和图 8-4 分别给出了 V_0^{eff} 和 η 之间及 η 和 V 之间的关系。图 8-3 表明，如果给定相同 η 值，则 Q_D 越大 V_0^{eff} 越小。能垒 Q_D 本身也会影响参数 η，进而间接改变 V_0^{eff} 的值。图 8-4 显示，随着 Q_D 的增加，参数 η 在任意给定凝固速度 V 的情况下逐渐减小。在特定的凝固条件下，参数 η 的减小意味着从短程扩散限制生长模式向碰撞限制生长模式的转变，即 V_0^{eff} 增加。

关于比值 V_0^{eff}/V_0 随 Q_D 增大呈现出的非单调性，解释如下。随着 Q_D 从零开始增加，V_0^{eff} 的单调下降阶段主要由式(8-12)中的参数 Q_D 本身直接控制。随着 Q_D 的增加，根据式(8-4)可知 V_{DI} 值减小；进而根据式(8-23)，这将抑制溶质偏析，有利于溶质截留，从而产生较高的溶质再分配系数 k 值。这意味着凝固模式更趋向于碰撞限制生长模式。同时，本模型中凝固模式由参数 η 来表征，η 值因此而减小。根据式(8-12)，这将最终导致 V_0^{eff} 的增加。因此，参数 η 也可以被认为是由式(8-6)定义的 Q_{eff} 值的另一个决定因素；Q_{eff} 最终由式(8-9)决定有效动力学前因子 V_0^{eff} 的值。在图 8-1 中，如果进一步降低 Q_D 值使其等于零，V_0^{eff} 将在所有速度下保持不变并恒等于 V_0($V_0^{\text{eff}}/V_0 \equiv 1$)。此时，短程扩散限制生长模式将消失，而只存在碰撞限制生长模式。

对于不同的 V_0 和一个固定 Q_D($Q_D = 20\text{kJ/mol}$)的值，界面温度 T_I 与凝固速度 V 的关系如图 8-5 所示。如前述讨论，与假定最大结晶速率 V_0 不变的 GD 模型相比，本模型所采用的有效动力学前因子 V_0^{eff} 相对较小(V_0^{eff}/V_0 小于 1)。因此，本模型给出相对更低的 T_I 预测值。也就是说，在相对更低的动力学前因子(相当于更低的界面迁移率)情况下，T_I 必须也相对更低才能保证更高的有效热力学驱动力 ΔG_{eff}，来实现相同的凝固速度 V。图 8-5 还表明，两个模型预测的 T_I 之间的差异与参数 V_0 无关，如果用归一化的 V/V_0 代替水平坐标 V，则 V_0 值不同的三条曲线将相互重合。这表明 T_I 在式(8-11)中的影响可以忽略，并且可以使用由式(8-5)定义的参数 V_{DI} 来代替参数 Q_D，即使用式(8-11)取代式(8-12)。

在特定的凝固条件下，参数 Q_D 通常是固定的，而参数 η 随热力学状态而变化。为更方便地讨论模式 1～4 所描述的热力学-动力学相关性，图 8-6 给出了参数 η 与凝固速度 V 的关系(假定 $V_{DI}=10\text{m/s}$，$V_D=12\text{m/s}$)。不同模式具有的相同基本规律：随着 V 的增加，η 的值从 1 逐渐减小到 0；当 $V\to 0$ 时，参数 $\eta\to 1$ ($V_0^{\text{eff}}=V_{DI}$)，代表短程扩散限制生长；当 $V\geqslant V_D$ 时，碰撞限制生长发生在 $\eta=0$ 时 ($V_0^{\text{eff}}=V_0$)。对于 η 取中间值的情况，两种生长机制共存。对于不同的相关性模式，在速度 V 不断增加的情况下，η 值下降得越慢，V_0^{eff}/V_0 将更小，因而本模型与恒定动力学前因子的模型之间的差异就越明显。显然，与其他三种相关性模式相比，模式 3 的影响更为显著。相关性模式 1 和模式 2 的曲线几乎重合，这是因为在考虑液相扩散的弛豫效应情况下，存在 $\exp(\Delta G_{\text{eff}}/R_gT_I)\approx\Delta G_{\text{eff}}/R_gT_I+1$。因此，相关性模式 1 相对更为合理，这意味着 Q_{eff} 和 ΔG_{eff} 之间存在近似的线性相关。无论哪种相关性模式占优势，对于目前的界面动力学来说，参数 Q_D (或 V_{DI})和 η 都通过式(8-6)影响有效动力学能垒 Q_{eff}，进而根据式(8-8)决定 V_0^{eff}。这使 V_0^{eff}/V_0 最终决定了本模型与假设 V_0 为常数的模型之间的差别。

8.2.2　枝晶凝固的实验比较

应用到 Ni-0.7%B 合金熔体的枝晶凝固，模型计算表明，与图 8-6 所示的结果类似，由于近似 $\exp\left(\Delta G_{\text{eff}}/R_gT_I\right)\approx\Delta G_{\text{eff}}/R_gT_I+1$，当前模型基于相关性模式 1 和模式 2 的预测差异也很小；模式 3 对模型的影响太大以至于不能给出合理预测；在枝晶生长条件下，由于浓度差值 $C_L^*-C_S^*$ 随总过冷度 ΔT 的非单调性，模式 4 不适合于枝晶生长。如果采用模式 4 的平界面版本[式(8-17)]，则当前模型与 GD 模型[21]的预测值相差很小。因此，通过与假设 V_0 为常数的 GD 模型相比，Q_{eff} 和 ΔG_{eff} 之间的相关性模式 1(或模式 2)似乎是更加符合物理实际的。本小节的模型计算采用相关性模式 1 作为模型输入，以预测 Ni-0.7%B 合金枝晶凝固速度 V 随总过冷度 ΔT 的变化，假设线性液相线和固相线，相关热力学与动力学参数见表 8-2。计算结果示于图 8-7 和图 8-8。模型计算采用式(8-20)、式(8-23)～式(8-29)。

表 8-2　用于模型计算的 Ni-0.7%B 合金的热力学与动力学参数[132]

参数	符号	数值	单位
纯镍的平衡熔化温度	T_m	1726	K
熔化潜热	ΔH_f	1.72×10^4	J/mol
液态合金比热容	C_p	36.39	J/(mol·K)
毛细管常数	Γ	3.42×10^{-7}	K·m

续表

参数	符号	数值	单位
液相线斜率	m_L	−14.3	K / %
平衡溶质再分配系数	k_e	0.0155	—
溶质扩散系数	D_L	3.0×10^{-9}	m^2/s
热扩散系数	α_L	8.5×10^{-6}	m^2/s
界面溶质扩散速度	V_{DI}	18.9	m / s
溶质扩散速度	V_D	18.9	m / s
最大结晶速率	V_0	363.1	m / s

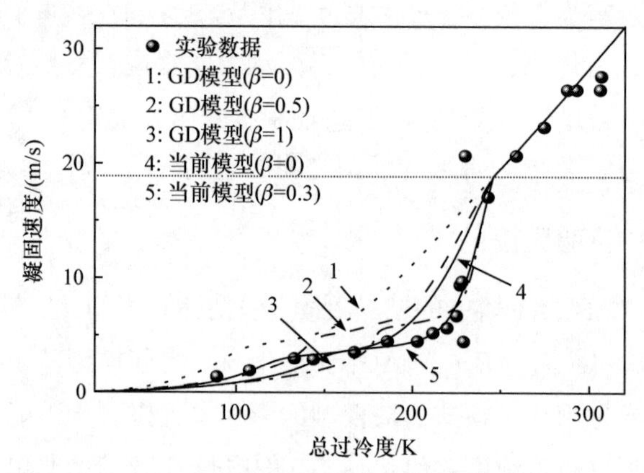

图 8-7 Ni-0.7%B 合金的凝固速度 V 与总过冷度 ΔT 的关系

动力学参数 η 采用模式 1 描述

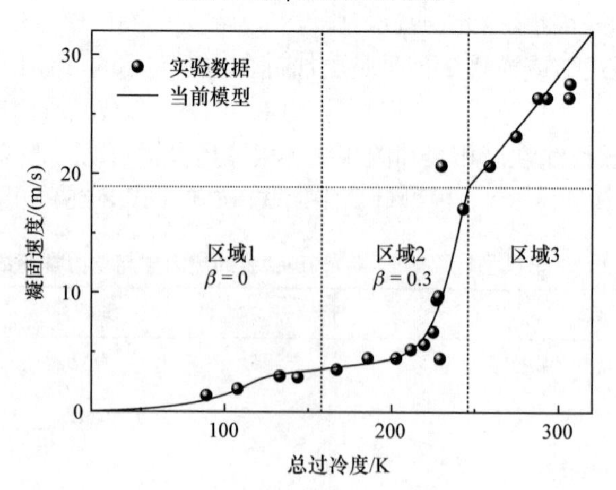

图 8-8 Ni-0.7%B 合金凝固速度 V 与总过冷度 ΔT 的关系

当前模型基于明锐界面的理论框架,考虑了有效热力学驱动力 ΔG_{eff} 与动力学能垒 Q_{eff} 的相关性。在不考虑界面厚度的情况下，明锐界面模型可以看作是界面区域溶质浓度平均值为 C^* 的扩散界面模型的简化版本，C^* 定义为 $C^* = \beta C_{\mathrm{L}}^* + (1-\beta)C_{\mathrm{S}}^*$。物理实际中,界面溶质浓度从固体到液体连续变化。因此,平均值 C^* 取值在 C_{S}^* 和 C_{L}^* 之间是合理的。这意味着溶质拖曳因子 β 取值在 0～1,即部分溶质拖曳。在当前的理论框架下，可以结合部分溶质拖曳效应来描述有效热力学驱动力 ΔG_{eff}。在此基础上，如果需要考虑部分溶质拖曳效应，则应选择合适的溶质拖曳因子 β。

如图 8-7 所示，无论是假设 Q_{eff} 和 ΔG_{eff} 之间线性相关的当前模型，还是假设 V_0 为常数的 GD 模型，β 的值越大，凝固速度变缓越显著。有效动力学前因子 V_0^{eff} 的影响和溶质拖曳效应都会导致界面减速。考虑相关性模式 1 且 $\beta = 0.3$ 的当前模型和假设 V_0 为常数且 $\beta = 1$ 的 GD 模型,对实验数据都显示出了较好的预测。因此,确实是凝固速度变缓保证了良好的模型预测。有效动力学前因子 V_0^{eff} 通过考虑有效动力学能垒 Q_{eff} 值的变化来处理界面变缓现象；溶质拖曳效应假设凝固过程中总的吉布斯自由能变化的一部分被界面处的溶质和溶剂原子间的互扩散所耗散，而不能有效驱动界面运动，以此来描述界面变缓现象。

图 8-7 进一步表明，当前模型不考虑溶质拖曳($\beta = 0$)在低总过冷度对实验数据给出了最好的描述；考虑部分溶质拖曳($\beta = 0.3$)的当前模型预测在中间总过冷度与实验数据具有非常好的一致性。中间总过冷度就是碰撞限制生长模式与短程扩散限制生长模式间的过渡区域。在足够高的总过冷度($V > V_{\mathrm{D}}$)下，当前模型和 GD 模型具有相同的预测，无需考虑溶质拖曳。这是因为此时界面处互扩散消失并发生完全的溶质截留($k \equiv 1$)。为了在所有总过冷度范围实现对实验数据的最好拟合，本章在不同的总过冷度区域采取了不同的 β 值。对于当前模型，在低总过冷度和中间总过冷度下，β 分别取为 0 和 0.3，实现了完美的实验描述，如图 8-8 所示。此外，在 Ni-0.7%B 合金的电磁悬浮实验中，液滴内部的熔体对流是不可避免的。在进一步研究中发现，对于 Ni-B 液滴应考虑对流流动，这会提高界面速度，特别是在短程扩散限制生长动力学中。最近，热力学-动力学相关性在双辊连铸[138]及设计稳定的纳米晶合金[139]方面也获得了成功应用。这些研究进一步证明了在合金凝固界面动力学建模中考虑热力学-动力学相关性的合理性和必要性。同时，对于合金凝固，相场法已有大量的模拟结果。与解析理论相比，相场法具有更好地模拟固/液界面复杂几何形态的能力。因此，将解析理论和相场法相结合来描述界面动力学也是很有意义的。

8.3 本章小结

考虑热力学-动力学相关性,本章建立了同时考虑碰撞限制生长模式和短程扩散限制生长模式的单相二元合金凝固界面动力学模型。基于该界面动力学，建立了平界面迁移和枝晶凝固模型。为探索热力学-动力学相关性，本章共提出了四种潜在可能的相关性模式。平界面迁移情况下的比较分析及枝晶凝固的实验比较表明，有效动力学能垒 Q_{eff} 与有效热力学驱动力 ΔG_{eff} 之间的线性相关性相对更加合理。此外，应用到 Ni-0.7%B 合金，本章建立的考虑热力学-动力学相关性的枝晶凝固模型的预测结果与实验数据获得了较好一致性。本章最终证明了在建模二元合金凝固界面动力学时考虑热力学-动力学相关性的合理性和必要性。

参考文献

[1] HERLACH D M. Non-equilibrium solidification of undercooled metallic melts[J]. Materials Science and Engineering R-Reports, 1994, 12(4-5): 177-272.

[2] TRIVEDI R, KURZ W. Dendritic growth[J]. International Materials Reviews, 1994, 39(2): 49-74.

[3] KURZ W, FISHER D J, TRIVEDI R. Progress in modelling solidification microstructures in metals and alloys: Dendrites and cells from 1700 to 2000[J]. International Materials Reviews, 2019, 64(6): 311-354.

[4] KURZ W, RAPPAZ M, TRIVEDI R. Progress in modelling solidification microstructures in metals and alloys. Part Ⅱ: Dendrites from 2001 to 2018[J]. International Materials Reviews, 2021, 66(1): 30-76.

[5] 周尧和, 胡壮麒, 介万奇. 凝固技术[M]. 北京: 机械工业出版社, 1998.

[6] 傅恒志, 柳百成, 魏炳波. 凝固科学技术与材料发展: 香山科学会议第 211 次学术讨论会论文集[C]. 北京: 国防工业出版社, 2005.

[7] KURZ W, FISHER D J. 凝固原理: 第 4 版修订本[M]. 李建国, 胡侨丹, 译. 北京: 高等教育出版社, 2010.

[8] DANTZIG J A, RAPPAZ M. 凝固[M]. 刘峰, 介万奇, 译. 北京: 科学出版社, 2015.

[9] MITTEMEIJER E J. 材料科学基础: 金属作为模型体系探究组织-性能关系[M]. 刘永长, 余黎明, 马宗青, 译. 中文版. 北京: 机械工业出版社, 2013.

[10] HILLERT M. Solute drag, solute trapping and diffusional dissipation of Gibbs energy[J]. Acta Materialia, 1999, 47(18): 4481-4505.

[11] JACKSON K A, CHALMERS B. Kinetics of solidification[J]. Canadian Journal of Physics, 1956, 34(5): 473-490.

[12] BAKER J C, CAHN J W. Solute trapping by rapid solidification[J]. Acta Metallurgica, 1969, 17(5): 575-578.

[13] AZIZ M J, TSAO J Y, THOMPSON M O, et al. Solute trapping: Comparison of theory with experiment[J]. Physical Review Letters, 1986, 56(23): 2489-2492.

[14] KITTL J A, AZIZ M J, BRUNCO D P, et al. Nonequilibrium partitioning during rapid solidification of Si-As alloys[J]. Journal of Crystal Growth, 1995, 148(1-2): 172-182.

[15] BRUNCO D P, THOMPSON M O, HOGLUND D E, et al. Germanium partitioning in silicon during rapid solidification[J]. Journal of Applied Physics, 1995, 78(3): 1575-1582.

[16] WOOD R F. Model for nonequilibrium segregation during pulsed laser annealing[J]. Applied Physics Letters, 1980, 37(3): 302-304.

[17] WOOD R F. Macroscopic theory of pulsed-laser annealing. Ⅲ. Nonequilibrium segregation effects[J]. Physical Review B, 1982, 25(4): 2786-2811.

[18] JACKSON K A, BEATTY K M, GUDGEL K A. An analytical model for non-equilibrium segregation during crystallization[J]. Journal of Crystal Growth, 2004, 271(3): 481-494.

[19] AZIZ M J. Model for solute redistribution during rapid solidification[J]. Journal of Applied Physics, 1982, 53(2): 1158-1168.

[20] AZIZ M J, KAPLAN T. Continuous growth model for interface motion during alloy solidification[J]. Acta Metallurgica, 1988, 36(8): 2335-2347.

[21] SOBOLEV S L. Effects of local non-equilibrium solute diffusion on rapid solidification[J]. Physica Status Solidi A-Applications and Materials Science, 1996, 156(2): 293-303.

[22] SOBOLEV S L. Rapid solidification under local nonequilibrium conditions[J]. Physical Review E, 1997, 55(6): 6845-6854.

[23] GALENKO P K. Solute trapping and diffusionless solidification in a binary system[J]. Physical Review E, 2007, 76(3): 0316606.

[24] BURTON J A, PRIM R C, SLICHTER W P. The distribution of solute in crystals grown from the melt. Part Ⅰ. Theoretical[J]. Journal of Chemical Physics, 1953, 21(11): 1987-1991.

[25] REITANO R, SMITH P M, AZIZ M J. Solute trapping of group Ⅲ, Ⅳ, and Ⅴ elements in silicon by an aperiodic stepwise growth mechanism[J]. Journal of Applied Physics, 1994, 76(3):1518.

[26] SOBOLEV S L. Local non-equilibrium diffusion model for solute trapping during rapid solidification[J]. Acta Materialia, 2012, 60(6-7): 2711-2718.

[27] LÜCKE K, DETERT K. A quantitative theory of grain boundary motion and recrystallization in metals in the presence of impurities[J]. Acta Metallurgica, 1957, 5(11): 628-637.

[28] CAHN J W. The impurity-drag effect in grain boundary motion[J]. Acta Metallurgica, 1962, 10(9): 789-798.

[29] LÜCKE K, STÜWE H P. On the theory of impurity controlled grain boundary motion[J]. Acta Metallurgica, 1971, 19(10): 1087-1099.

[30] HILLERT M, SUNDMAN B. A treatment of the solute drag on moving grain boundaries and phase interfaces in binary alloys[J]. Acta Metallurgica, 1976, 24(8): 731-743.

[31] WANG H F, LIU F, YANG W, et al. Solute trapping model incorporating diffusive interface[J]. Acta Materialia, 2008, 56(4): 746-753.

[32] LI S, ZHANG J, WU P. Numerical solution and comparison to experiment of solute drag models for binary alloy solidification with a planar phase interface[J]. Scripta Materialia, 2010, 62(9): 716-719.

[33] WHEELER A A, BOETTINGER W J, MCFADDEN G B. Phase-field model of solute trapping during solidification[J]. Physical Review E, 1993, 47(3): 1893-1909.

[34] AHMAD N A, WHEELER A A, BOETTINGER W J, et al. Solute trapping and solute drag in a phase-field model of rapid solidification[J]. Physical Review E, 1998, 58(3): 3436-3450.

[35] KIM S G, KIM W T, SUZULI T. Interfacial compositions of solid and liquid in a phase-field model with finite interface thickness for isothermal solidification in binary alloys[J]. Physical Review E, 1998, 58(3): 3316-3323.

[36] KIM S G, KIM W T, SUZULI T. Phase-field model for binary alloys[J]. Physical Review E, 1999, 60(6): 7186-7197.

[37] 李述. 过冷合金熔体非平衡凝固模型的扩展及应用[D]. 天津: 天津大学, 2010.

[38] HILLERT M. Empirical methods of predicting and representing thermodynamic properties of ternary solution phases[J]. CALPHAD, 1980, 4(1): 1-10.

[39] HILLERT M. Phase Equilibria, Phase Diagrams, and Phase Transformations—Their Thermodynamic Basis[M]. 2nd Ed. Cambridge: Cambridge University Press, 2007.

[40] LUKAS H L, FRIES S G, SUNDMAN B. Computational thermodynamics—The CALPHAD method[M]. Cambridge: Cambridge University Press, 2007.

[41] DU Y, LIU S H, ZHANG L J, et al. An overview on phase equilibria and thermodynamic modeling in multi-component Al alloys: Focusing on the Al-Cu-Fe-Mg-Mn-Ni-Si-Zn system[J]. CALPHAD, 2011, 35(3): 427-445.

[42] 徐祖耀. 材料相变[M]. 北京: 高等教育出版社, 2013.

[43] ONSAGER L. Reciprocal relations in irreversible processes[J]. Physical Review, 1931, 38(42): 405-410.

[44] JOU D, CASAS-VAZQUEZ J, LEBON G. Extended irreversible thermodynamics[J]. Reports on Progress in Physics, 1988, 51(8): 1005-1179.

[45] JOU D, CASAS-VAZQUEZ J, LEBON G. Extended irreversible thermodynamics revisited (1988-98)[J]. Reports on Progress in Physics, 1999, 62(7): 1035-1142.

[46] GALENKO P K. Extended thermodynamical analysis of a motion of the solid-liquid interface in a rapidly solidifying alloy[J]. Physical Review B, 2002, 65(14): 144103.

[47] SOBOLEV S L. Driving force for binary alloy solidification under far from local equilibrium conditions[J]. Acta Materialia, 2015, 93: 256-263.

[48] FISCHER F D, SVOBODA J, PETRYK H. Thermodynamic extremal principles for irreversible processes in materials science[J]. Acta Materialia, 2014, 67: 1-20.

[49] SVOBODA J, FISCHER F D, FRATZL P, et al. Diffusion in multi-component systems with no or dense sources and sinks for vacancies[J]. Acta Materialia, 2002, 50(6): 1369-1381.

[50] SVOBODA J, GAMSJAGER E, FISCHER F D, et al. Application of the thermodynamic extremal principle to the diffusional phase transformations[J]. Acta Materialia, 2004, 52(4): 959-967.

[51] SVOBODA J, FISCHER F D, LEOMD M. Transient solute drag in migrating grain boundaries[J]. Acta Materialia, 2011, 59(17): 6556-6562.

[52] FRATZL P, FISCHER F D, SVOBODA J. Energy dissipation and stability of propagating surfaces[J]. Physical Review Letters, 2005, 95(19): 195702.

[53] 王海丰, 王慷, 况望望, 等. 非平衡凝固理论的进展[J]. 中国科学: 技术科学, 2015, 45(4): 358-376.

[54] WANG K, WANG H F, LIU F, et al. Modeling rapid solidification of multi-component concentrated alloys[J]. Acta Materialia, 2013, 61(4): 1359-1372.

[55] WANG K, WANG H F, LIU F, et al. Modeling dendrite growth in undercooled concentrated multi-component alloys[J]. Acta Materialia, 2013, 61(11): 4254-4265.

[56] WANG K, WANG H F, LIU F, et al. Morphological stability analysis for planar interface during rapidly directional solidification of concentrated multi-component alloys[J]. Acta Materialia, 2014, 67: 220-231.

[57] SONG S J, LIU F, ZHANG Z H. Analysis of elastic-plastic accommodation due to volume misfit upon solid-state phase transformation[J]. Acta Materialia, 2014, 64: 266-281.

[58] SONG S J, LIU F. Kinetic modeling of solid-state partitioning phase transformation with simultaneous misfit accommodation[J]. Acta Materialia, 2016, 108: 85-97.

[59] CHEN Z, LIU F, WANG H F, et al. A thermokinetic description for grain growth in nanocrystalline materials[J]. Acta Materialia, 2009, 57(5): 1466-1475.

[60] LI S, ZHANG J, WU P. A comparative study on migration of a planar interface during solidification of non-dilute alloys[J]. Journal of Crystal Growth, 2010, 312(7): 982-988.

[61] LI S, ZHANG J, WU P. Numerical test of generalized marginal stability theory for a planar interface during directional solidification[J]. Scripta Materialia, 2009, 61(5): 485-488.

[62] LI S, ZHANG J, WU P. Analysis for free dendritic growth model applicable to non-dilute alloy[J]. Metallurgical and Materials Transactions A, 2012, 43(10): 3748- 3754.

[63] BAKER J C, CAHN J W. Solidification[M]. Geauga: American Society of Metals, 1971.

[64] AZIZ M J, BOETTINGER W J. On the transition from short-range diffusion-limited to collision-limited growth in alloy solidification[J]. Acta Metallurgica et Materialia, 1994, 42(2): 527-537.

[65] TURNBULL D. On the relation between crystallization rate and liquid structure[J]. Journal of Physical Chemistry, 1962, 66(4): 609-613.

[66] CORIELL S R, TURNBULL D. Relative roles of heat transport and interface rearrangement rates in the rapid growth of crystals in undercooled melts[J]. Acta Metallurgica, 1982, 30(12): 2135-2139.

[67] DIVENUTI A G, ANDO T. A dendrite growth model accommodating curved phase boundaries and high Peclet number conditions[J]. Metallurgical & Materials Transactions A, 1998, 29(12): 3047-3056.

[68] BOETTINGER W J, CORIELL S R, TRIVEDI R. Application of dendritic growth theory to the interpretation of rapidly solidified microstructures[C]. Rapid Solidification Processing Principles and Technologies Ⅳ, Claitor's Publishing Division, Baton Rouge, 1988.

[69] GALENKO P K. Rapid advancing of the solid-liquid interface in undercooled alloys melt[J]. Materials Science & Engineering A, 2004, 375-377(1): 493-497.

[70] WANG H F, LIU F, CHEN Z, et al. Analysis of non-equilibrium dendrite growth in a bulk undercooled alloy melt: Model and Application[J]. Acta Materialia, 2007, 55(2): 497-506.

[71] WANG H F, LIU F, ZHAI H M, et al. Application of the maximal entropy production principle to rapid solidification: A sharp interface model[J]. Acta Materialia, 2012, 60(4): 1444-1454.

[72] WANG H F, LIU F, EHLEN G J, et al. Application of the maximal entropy production principle to rapid solidification: A multi-phase-field model[J]. Acta Materialia, 2013, 61(7): 2617-2627.

[73] CHRISTIAN J W. The Theory of Transformations in Metals and Alloys, Part Ⅰ: Equilibrium and General Kinetics Theory[M]. Oxford: Pergamon Press, 2002.

[74] HONG M, WANG K, CHEN Y Z, et al. A thermo-kinetic model for martensitic transformation kinetics in low-alloy steels[J]. Journal of Alloys and Compounds, 2015, 647: 763-767.

[75] LIU F, YANG G C. Rapid solidification of highly undercooled bulk liquid superalloy: Recent developments, future directions[J]. International Materials Reviews, 2006, 51(3): 145-170.

[76] LIU Y C, SOMMER F, MITTEMEIJER E J. The austenite-ferrite transformation of ultralow-carbon Fe-C alloy; transition from diffusion- to interface-controlled growth[J]. Acta Materialia, 2006, 54(12): 3383-3393.

[77] LANGER J S. Instabilities and pattern formation in crystal growth[J]. Reviews of Modern Physics, 1980, 52(1): 1-28.

[78] KESSLER D, KOPLIK J, LEVINE H. Pattern selection in fingered growth phenomena[J]. Advances in Physics, 1988, 37(1): 255-339.

[79] BEN-JACOB E, GARIK P. The formation of patterns in non-equilibrium growth[J]. Nature, 1990, 343: 523-530.

[80] GALENKO P K, DANILOV D A. Linear morphological stability analysis of the solid-liquid interface in rapid solidification of a binary system[J]. Physical Review E, 2004, 69(5): 051608.

[81] KURZ W, FISHER D J. Dendrite growth at the limit of stability: Tip radius and spacing[J]. Acta Metallurgica, 1981, 29(2): 11-20.

[82] TRIVEDI R. Morphological stability of a solid particle growing from a binary alloy melt[J]. Journal of Crystal Growth, 1980, 48(1): 93-99.

[83] MULLINS W W, SEKERKA R F. Morphological stability of a particle growing by diffusion or heat flow[J]. Journal of Applied Physics, 1963, 34(2): 323-329.

[84] MULLINS W W, SEKERKA R F. Stability of a planar interface during solidification of a dilute binary alloy[J]. Journal of Applied Physics, 1964, 35(2): 444-451.

[85] TRIVEDI R, KURZ W. Morphological stability of a planar interface under rapid solidification conditions[J]. Acta Metallurgica, 1986, 34(8): 1663-1670.

[86] WANG H F, LIU F, YANG W, et al. An extended morphological stability model for a planar interface incorporating the effect of nonlinear liquidus and solidus[J]. Acta Materialia, 2008, 56(11): 2592-2601.

[87] CHEN Z, LIU F, WANG H F, et al. The effect of kinetics on the interface stability under the non-equilibrium condition[J]. Materials Science & Engineering A, 2006, 433(1-2): 182-189.

[88] KESSLER D, LEVINE H. Steady-state cellular growth during directional solidification[J]. Physical Review A, 1989, 39(6): 3041-3052.

[89] KESSLER D, LEVINE H. Stability of dendritic crystals[J]. Physical Review Letters, 1986, 57(24): 3069-3072.

[90] BROWER R C, KESSLER D, KOPLIK J, et al. Geometrical models of interface evolution[J]. Physical Review A, 1984, 29(3): 1335-1342.

[91] KARMA A, KOTLIAR B G. Pattern selection in a boundary-layer model of dendritic growth in the presence of impurities[J]. Physical Review A, 1985, 319(5): 3266-3275.

[92] AMAR M B, PELCE P. Impurity effect on dendritic growth[J]. Physical Review A, 1989, 39(8): 4263-4269.

[93] KARMA A, RAPPEL W J. Quantitative phase-field modeling of dendritic growth in two and three dimensions[J]. Physical Review E, 1998, 57(4): 4323-4349.

[94] KARMA A. Phase-field formulation for quantitative modeling of alloy solidification[J]. Physical Review Letters, 2001, 87(11): 115701.

[95] ECHEBARRIA B, FOLCH R, KARMA A, et al. Quantitative phase-field model of alloy solidification[J]. Physical Review E, 2004, 70(6): 061604.

[96] DANILOV D, NESTLER B. Phase field modelling of solute trapping during rapid solidification of a Si-As alloy[J]. Acta Materialia, 2006, 54(18): 4659-4664.

[97] DANILOV D, NESTLER B. Phase-field modelling of nonequilibrium partitioning during rapid solidification in a non-dilute binary alloy[J]. Discrete and Continuous Dynamical Systems, 2006, 15(4): 1035-1047.

[98] LI J F, YANG G C, ZHOU Y H. Kinetic effect of crystal growth on the absolute stability of a planar interface in undercooled melts[J]. Materials Research Bulletin, 2000, 35(11): 1775-1783.

[99] WANG G X, PRASAD V, SAMPATH S. An integrated model for dendritic and planar interface growth and morphological transition in rapid solidification[J]. Metallurgical and Materials Transactions A, 2000, 31(3): 735-746.

[100] JOU D, GALENKO P K. Fluctuations and stochastic noise in systems with hyperbolic mass transport[J]. Physica A, 2006, 366: 149-158.

[101] SOBOLEV S L. Local-nonequilibrium model for rapid solidification of undercooled melts[J]. Physics Letters A, 1995, 199(5-6): 383-386.

[102] GALENKO P K, SOBOLEV S L. Local nonequilibrium effect on undercooling in rapid solidification of alloys[J]. Physical Review E, 1997, 55(1): 343-352.

[103] GALENKO P K, DANILOV D A. Steady-state shapes of growing crystals in the field of local nonequilibrium diffusion[J]. Physics Letters A, 2000, 272(3): 207-217.

[104] GALENKO P K, DANILOV D A. Local nonequilibrium effect on rapid dendritic growth in a binary alloy melt[J]. Physics Letters A, 1997, 235(3): 271-280.

[105] GALENKO P K, DANILOV D A. Model for free dendritic alloy growth under interfacial and bulk phase nonequilibrium conditions[J]. Journal of Crystal Growth, 1999, 197(4): 992-1002.

[106] GALENKO P K, DANILOV D A. Selection of the dynamically stable regime of rapid solidification front motion in an isothermal binary alloy[J]. Journal of Crystal Growth, 2000, 216(1-4): 512-526.

[107] ALEXANDROV D V, GALENKO P K. Selected mode for rapidly growing needle-like dendrite controlled by heat and mass transport[J]. Acta Materialia, 2017, 137: 64-70.

[108] ALEXANDROV D V, DANILOV D A, GALENKO P K. Selection criterion of a stable dendrite growth in rapid solidification[J]. International Journal of Heat and Mass Transfer, 2016, 101: 789-799.

[109] IVANTSOV G P. Temperature field around a spherical, cylindrical and acicular crystal growth in a supercooled melt[J]. Doklady Akademii Nauk SSSR, 1947, 58: 565-567.

[110] TEMKIN D E. Growth rate of the needle-crystal formed in a supercooled melt[J]. Dokl Akad Nauk SSSR, 1960, 132: 1307-1314.

[111] BOLLING G F, TILLER W A. Growth from the Melt. Ⅲ. Dendritic Growth[J]. Journal of Applied Physics, 1962, 32(12): 2587-2605.

[112] KOTLER G R, TARSHIS L A. An extension to the analysis of dendritic growth in pure systems[J]. Journal of Crystal Growth, 1969, 5(2): 90-98.

[113] TRIVEDI R. Growth of dendritic needles from a supercooled melt[J]. Acta Materialia, 1970, 18(3): 287-296.

[114] LI S, LI D Y, LIU S C, et al. An extended free dendritic growth model incorporating the nonisothermal and nonisosolutal nature of the solid-liquid interface[J]. Acta Materialia, 2015, 83: 310-317.

[115] LIPTON J, GLICKSMAN M E, KURZ W. Dendritic growth into undercooled alloy metals[J]. Materials Science & Engineering, 1984, 65(1): 57-63.

[116] LANGER J S, MÜLLER-KRUMBHAAR H. Theory of dendritic growth-Ⅰ. Elements of a stability analysis[J]. Acta Metallurgica, 1978, 26: 1681-1687.

[117] LANGER J S, MÜLLER-KRUMBHAAR H. Theory of dendritic growth-Ⅱ. Instabilities in the limit of vanishing surface tension[J]. Acta Metallurgica, 1978, 26: 1689-1695.

[118] LANGER J S, MÜLLER-KRUMBHAAR H. Theory of dendritic growth-Ⅲ. Effects of surface tension[J]. Acta Metallurgica, 1978, 26(11): 1697-1708.

[119] LIPTON J, GLICKSMAN M E, KURZ W. Equiaxed dendrite growth in alloys at small supercooling[J]. Metallurgical Transactions A, 1987, 18(2): 341-345.

[120] REBOW M, BROWNE D J. On the dendritic tip stability parameter for aluminium alloy solidification[J]. Scripta Materialia, 2007, 56(6): 481-484.

[121] LIPTON J, KURZ W, TRIVEDI R. Rapid dendrite growth in undercooled alloys[J]. Acta Metallurgica, 1987, 35(4): 957-964.

[122] TRIVEDI R, LIPTON J, KURZ W. Effect of growth rate dependent partition coefficient on the dendritic growth in undercooled melts[J]. Acta Metallurgica, 1987, 35(4): 965-970.

[123] ÖNEL S, ANDO T. Comparison and extension of free dendritic growth models through application to a Ag-15 mass pct Cu alloy[J]. Metallurgical & Materials Transactions A, 2008, 39: 2449-2458.

[124] HARTMANN H, GALENKO P K, HOLLAND-MORITZ D, et al. Nonequilibrium solidification in undercooled Ti45Al55 melts[J]. Journal of Applied Physics, 2008, 103(7): 073509.

[125] LI S, SOBOLEV S L. Local nonequilibrium solute trapping model for non-planar interface[J]. Journal of Crystal

Growth, 2013, 380: 68-71.

[126] LI S, GU Z H, LI D Y, et al. Free dendritic growth model incorporating interfacial nonisosolutal nature due to normal velocity variation[J]. Transactions of Nonferrous Metals Society of China, 2015, 25(10): 3363-3369.

[127] LI S, GU Z H, LI D Y, et al. Analysis for free dendritic growth model incorporating the nonisothermal nature of solid-liquid interface[J]. Physics Letters A, 2015, 379(4):237-240.

[128] LIU S C, LI S, LIU F. Analysis of free dendritic growth considering both relaxation effect and effect of nonisothermal and nonisosolutal interface[J]. International Journal of Heat and Mass Transfer, 2019, 134: 51-57.

[129] LIU S C, LIU L H, LI S, et al. Free dendritic growth model based on nonisothermal interface and microscopic solvability theory[J]. Transactions of Nonferrous Metals Society of China, 2019, 29(3): 601-607.

[130] LIU S C, LIU L H, LI S, et al. Free dendritic growth model for binary alloy based on microscopic solvability theory and nonisothermal nature caused by anisotropy and curved interface[J]. Journal of Crystal Growth, 2020, 534(15): 125417.

[131] LIU S C, LIU L H, LI S, et al. Free dendritic growth model considering both interfacial nonisothermal nature and effect of convection for binary alloy[J]. Transactions of Nonferrous Metals Society of China, 2021, 31(5): 1518-1528.

[132] LI S, ZHANG Y B, WANG K, et al. Interface kinetics modeling of binary alloy solidification by considering correlation between thermodynamics and kinetics[J]. Transactions of Nonferrous Metals Society of China, 2021, 31(1): 306-316.

[133] WILLNECKER R, HERLACH D M, FEUERBACHER B. Grain refinement induced by a critical crystal growth velocity in undercooled melts[J]. Applied Physics Letters, 1990, 56(4):324-326.

[134] HERLACH D M, FEUERBACHER B. Non-equilibrium solidification of undercooled metallic melts[J]. Advances in Space Research, 1991, 11(7): 255-262.

[135] BRENER E A, MELNIKOV V I. Pattern selection in two-dimensional dendritic growth[J]. Advances in Physics, 1991, 40(1): 53-97.

[136] BARBIERI A, LANGER J S. Predictions of dendritic growth rates in the linearized solvability theory[J]. Physical Review A, 1989, 113(39): 5314-5325.

[137] FECHT H J, ZHANG M X, CHANG Y A, et al. Metastable phase equilibria in the lead-tin alloy system: Part Ⅱ. Thermodynamic modeling[J]. Metallurgical Transactions A, 1989, 20(5): 795-803.

[138] ZHANG Y B, DU J L, WANG K, et al. Application of non-equilibrium dendrite growth model considering thermo-kinetic correlation in twin-roll casting[J]. Journal of Materials Science & Technology, 2020, 44: 209-222.

[139] PENG H R, LIU B S, LIU F. A strategy for designing stable nanocrystalline alloys by thermo-kinetic synergy[J]. Journal of Materials Science & Technology, 2020, 43(15): 21-31.

编 后 记

“博士后文库”是汇集自然科学领域博士后研究人员优秀学术成果的系列丛书。“博士后文库”致力于打造专属于博士后学术创新的旗舰品牌，营造博士后百花齐放的学术氛围，提升博士后优秀成果的学术影响力和社会影响力。

“博士后文库”出版资助工作开展以来，得到了全国博士后管委会办公室、中国博士后科学基金会、中国科学院、科学出版社等有关单位领导的大力支持，众多热心博士后事业的专家学者给予积极的建议，工作人员做了大量艰苦细致的工作。在此，我们一并表示感谢！

“博士后文库”编委会